Astrofísica
PARA GENTE CON PRISA

NEIL DEGRASSE TYSON

Astrofísica
PARA GENTE CON PRISA

TRADUCCIÓN DE
CARMEN ROMÁN

Diseño de portada: José Luis Maldonado López
Fotografía de portada: © FOX/Contributor
Traducido por: Carmen Román
Diseño de interiores: Nuria Saburit

Título original: *Astrophysics for People in a Hurry*

© 2017, Neil DeGrasse Tyson

Derechos reservados

© 2017, Ediciones Culturales Paidós, S.A. de C.V.
Bajo el sello editorial PAIDÓS M.R.
Avenida Presidente Masarik núm. 111, Piso 2
Colonia Polanco V Sección
Delegación Miguel Hidalgo
C.P. 11560, Ciudad de México
www.planetadelibros.com.mx
www.paidos.com.mx

Primera edición impresa en México: noviembre de 2017
ISBN: 978-607-747-435-7

Impreso en los talleres de EDAMSA Impresiones, S.A. de C.V.
Av. Hidalgo núm. 111, Col. Fracc. San Nicolás Tolentino, Ciudad de México
Impreso y hecho en México – *Printed and made in México*

*Para todos aquellos que no tienen tiempo
de leer libros gordos y que, sin embargo,
buscan un conducto hacia el cosmos.*

CONTENIDO

PREFACIO

En los últimos años no pasa más de una semana sin noticias de un descubrimiento cósmico digno de titulares. Aunque quienes tienen el control sobre la información que se publica parecen haber desarrollado un interés en el universo, este incremento en su cobertura probablemente tiene su origen en un auténtico aumento del apetito del público por la ciencia. Las pruebas de esto abundan, desde populares programas de televisión basados en la ciencia hasta el éxito de películas de ciencia ficción protagonizadas por estrellas y llevadas a la pantalla por famosos productores y directores. Y últimamente, las cintas biográficas sobre científicos importantes se han convertido en un género en sí mismo. También hay un interés generalizado en el mundo por festivales científicos, convenciones de ciencia ficción y documentales de televisión científicos.

La película más taquillera de todos los tiempos es de un famoso director cuya trama se desarrolla en un planeta que orbita una estrella distante. En ella participa una famosa actriz que interpreta a una astrobióloga. Aunque la mayoría de las ramas de la ciencia han avanzado en esta era, el campo de la astrofísica siempre lleva la delantera. Y creo saber por qué. De vez en cuando, cada uno de nosotros ha visto el cielo nocturno y se ha preguntado: ¿qué significa todo esto?, ¿cómo funciona todo esto? y ¿cuál es mi lugar en el universo?

Si estás demasiado ocupado para entender el cosmos tomando clases o a través de libros de texto o documentales y aun así buscas una breve pero valiosa introducción a la materia, te sugiero *Astrofísica para gente con prisa*. En este delgado libro obtendrás los fundamentos sobre los principales conceptos y descubrimientos que impulsan nuestra comprensión moderna del universo. Si tengo éxito, serás versado en mi área de especialidad y quizá te quedes con ganas de aprender más.

*El universo no tiene la obligación
de tener sentido para ti.*

—NDT

1.

LA HISTORIA MÁS GRANDE JAMÁS CONTADA

El mundo ha persistido durante muchos años tras haber sido puesto en marcha con movimientos apropiados. A partir de ellos se deduce todo lo demás.

LUCRECIO, *CA.* 50 A.C.

En el principio, hace casi 14 000 millones de años, todo el espacio, toda la materia y toda la energía del universo conocido estaban contenidos en un volumen menor a una billonésima parte del punto con el que termina esta oración. Las condiciones eran tan calientes que las fuerzas de la naturaleza que conjuntamente describen el universo estaban unificadas. Aunque aún no se sabe cómo surgió, este minúsculo universo solo podría expandirse, rápidamente, en lo que hoy llamamos el Big Bang.

La teoría general de la relatividad de Einstein, presentada en 1916, nos proporciona nuestra comprensión moderna de la gravedad, en la que la presencia de materia y energía curvea el tejido del espacio y el tiempo que las rodea. En la década de 1920 se descubriría la mecánica cuántica, que proporcionaría nuestra explicación moderna sobre todo lo pequeño: moléculas, átomos y partículas subatómicas. Sin embargo, estas dos visiones de la naturaleza son formalmente incompatibles entre sí, lo que desató una carrera entre físicos para combinar la teoría de lo pequeño con la teoría de lo grande en una sola teoría de gravedad cuántica coherente. Aunque todavía no hemos llegado a la meta, sabemos exactamente dónde se encuentran los mayores obstáculos. Uno de ellos está en la *era de Planck* del universo temprano. Se trata del intervalo de tiempo de $t = 0$ hasta $t = 10^{-43}$ segundos (diez millones de billones de billones de billonésimas de segundo) después del comienzo, y antes de que el universo creciera a 10^{-35} metros (cien mil millones de billones de billonésimas de metro) de ancho. El físico alemán Max Planck, de quienes recibieron sus nombres estas inimaginablemente pequeñas cantidades, introdujo la idea de la energía cuantizada en 1900, y es generalmente reconocido como el padre de la mecánica cuántica.

El choque entre gravedad y mecánica cuántica no representa problemas prácticos para el universo contemporáneo. Los astrofísicos aplican los principios y herramientas de la relatividad general y la mecánica cuántica a muy diferentes tipos de problemas. Pero al principio, en la era de Planck, lo grande era pequeño, y suponemos que se debe de haber celebrado una boda forzosa entre los dos. Lamentablemente, los votos intercambiados durante la ceremonia siguen eludiéndonos, por lo que ninguna ley de la física (conocida) describe con certeza el comportamiento del universo en ese período.

No obstante, creemos que hacia el final de la era de Planck, la gravedad se escabulló de las otras fuerzas de la naturaleza aún unificadas, obteniendo una identidad independiente bien descrita por nuestras actuales teorías. Cuando el universo alcanzó los 10^{-35} segundos de edad, continúo expandiéndose, diluyendo toda concentración de energía, y lo que quedaba de las fuerzas unificadas se dividió en *fuerzas electrodébiles* y *fuerzas nucleares fuertes*. Más adelante, la fuerza electrodébil se dividió en *fuerza electromagnética* y *fuerza nuclear débil*, dejando al descubierto las cuatro distintas fuerzas que hemos llegado a conocer y a amar: la fuerza débil controla la desintegración radioactiva, la fuerza nuclear fuerte une al núcleo atómico, la fuerza electromagnética une moléculas y la gravedad une materia.

15

*

Ha pasado un billonésimo de segundo desde el comienzo.

*

Mientras tanto, la interacción de materia en forma de partículas subatómicas y de energía en forma de fotones (recipientes de energía luminosa carentes de masa que son tanto ondas como partículas) no cesaba. El universo estaba lo suficientemente caliente para que estos fotones espontáneamente convirtieran su energía en pares de partículas materia-antimateria, que inmediatamente después se aniquilaban, regresando su energía a los fotones. Sí, la antimateria es real. Y la descubrimos nosotros, no los escritores de ciencia ficción. Estas metamorfosis son totalmente explicadas por la ecuación más famosa de Einstein: $E = mc^2$, una receta bidireccional sobre el valor de la energía en materia y el valor de la materia en energía. c^2 es la velocidad de la luz al cuadrado, una cifra enorme que al multiplicarse por la masa nos recuerda cuánta energía se obtiene en este ejercicio.

Poco antes, durante y después de que la fuerza nuclear fuerte y las electrodébiles se separaran, el universo era un borboteante caldo de quarks, leptones y antimateria, además de bosones, las partículas que permiten sus interacciones. Se cree que ninguna de estas familias de partículas es divisible en algo menor o más básico, aunque cada una de ellas tiene distintas variedades. El fotón común es parte de la familia de los bosones. Los leptones más conocidos para quienes no son físicos son los electrones y quizá los neutrinos; los quarks más conocidos son... bueno, en realidad no hay quarks conocidos. Cada una de sus seis subespecies recibió un nombre abstracto que no tiene ningún propósito filológico, filosófico o pedagógico, excepto distinguirlas de las otras: *arriba*, *abajo*, *extraño*, *encanto*, *cima* y *fondo*.

Por cierto, los bosones reciben su nombre del científico indio Satyendra Nath Bose. La palabra *leptón* proviene del griego *leptos*, que significa 'ligero' o 'pequeño'. Sin embargo, *quark* tiene un origen literario y mucho más imaginativo. El físico Murray Gell-Mann, quien en 1964 planteó la existencia de los quarks como componentes internos de los neutrones y protones, y quien entonces creía que la familia de los quarks solo tenía tres miembros, sacó el nombre de una frase particularmente elusiva del libro *Finnegans Wake*[2] de James Joyce: "¡Tres quarks para Muster Mark!". Algo que los quarks sí tienen a su favor es que todos sus nombres son sencillos, algo que químicos, biólogos y especialmente geólogos parecen incapaces de lograr al nombrar sus propias cosas.

Los quarks son bestias excéntricas. A diferencia de los protones, cada uno con una carga eléctrica de +1, y de los electrones, con carga de –1, los quarks tienen cargas fraccionarias que vienen en tercios. Y nunca encontrarás a un quark solo; siempre estará aferrándose a otros quarks cercanos. De hecho, la fuerza que mantiene juntos a dos (o más) de ellos, en realidad se vuelve más fuerte entre más los separas, como si estuvieran unidos por un tipo de liga elástica subnuclear. Si separas los quarks lo suficiente, la liga elástica se rompe y, de acuerdo con $E = mc^2$, la energía almacenada crea un quark en cada extremo, dejándote igual que al principio.

Durante la era quark-leptón el universo era lo suficientemente denso como para que la separación promedio entre quarks libres rivalizara con la separación entre quarks unidos entre sí. Bajo esas condiciones, la lealtad entre quarks contiguos no podía establecerse sin ambigüedades, y se movían libremente entre ellos mismos, a pesar de estar unidos entre sí. El descubrimiento de este estado de la materia, un tipo de caldero de quarks, fue reportado por primera vez en 2002 por un equipo de físicos del La-

18

boratorio Nacional de Brookhaven, en Long Island, Nueva York.

Contundentes evidencias teóricas sugieren que un episodio en el universo muy temprano, quizá durante una de esas divisiones de fuerzas, dio al universo una notable asimetría en la que las partículas de materia apenas superaban a las partículas de antimateria: de 1 000 millones y uno a 1 000 millones. Esa pequeña diferencia en población apenas sería notada por cualquiera en medio de la constante creación, aniquilación y recreación de quarks y antiquarks, electrones y antielectrones (mejor conocidos como *positrones*), y neutrinos y antineutrinos. El tercero en discordia tenía montones de oportunidades de encontrar con quien aniquilarse, y así hicieron los demás.

Pero no por mucho más tiempo. Conforme el cosmos continuaba expandiéndose, enfriándose y haciéndose más grande que nuestro sistema solar, la temperatura descendió rápidamente por debajo de un billón de kelvin (K).

✳

Había pasado un millonésimo de segundo desde el comienzo.

19

✳

Este tibio universo ya no era lo suficientemente caliente o denso para cocinar quarks, así que todos tomaron a su pareja de baile y crearon una nueva familia permanente de partículas pesadas llamadas *hadrones* (del griego *hadros*, 'grueso'). Esa transición de quarks a hadrones pronto dio lugar a la aparición de protones y neutrones y de otras menos conocidas partículas pesadas, todas ellas integradas por distintas combinaciones de especies de quarks. De vuelta a la Tierra, en Suiza, la colaboración europea en física de partículas[1] usa un gran acelerador para colisionar haces de hadrones en un intento de recrear estas mismas condiciones. Esta máquina, la más grande del mundo, lógicamente se llama El Gran Colisionador de Hadrones.

La ligera asimetría materia-antimateria que aqueja al caldo de quarks-leptones ahora pasó a los hadrones, pero con consecuencias extraordinarias. Conforme el universo continuaba enfriándose, la cantidad de energía disponible para espontáneamente crear partículas básicas descendió. Durante la era hadrónica, los fotones ambientales ya no podían

---

[1]   La Organización Europea para la Investigación Nuclear, mejor conocida por sus siglas como CERN (del nombre en francés Conseil Européen pour la Recherche Nucléaire).

seguir $E = mc^2$ para producir pares de quarks-anti-quarks. No solo eso, los fotones que emergieron de todas las aniquilaciones restantes perdieron energía a causa del universo en constante expansión, cayendo por debajo del umbral requerido para crear pares de hadrones-antihadrones. Por cada 1 000 millones de aniquilaciones —que dejaban 1 000 millones de fotones en su estela— sobrevivía un solo hadrón. Esos solitarios fueron quienes más se divertirían: sirviendo como fuente de energía fundamental para crear galaxias, estrellas, planetas y petunias.

Sin el desequilibrio de 1 000 millones y uno a 1 000 millones entre materia y antimateria, todas las masas en el universo se habrían autoaniquilado, dejando atrás un cosmos hecho de fotones y nada más, el escenario definitivo de hágase la luz.

✳

Ahora ha pasado un segundo de tiempo.

✳

El universo ha crecido unos cuantos años luz a lo ancho,[2] más o menos la distancia del Sol a las estrellas vecinas más cercanas. A 1 000 millones de grados

---

[2] Un año luz es la distancia que viaja la luz en un año te-

sigue haciendo mucho calor y aún se pueden cocinar electrones que, junto a sus contrapartes positrones, siguen apareciendo y desapareciendo. Pero en el universo en continua expansión y en continuo enfriamiento, sus días (sus segundos, en realidad) están contados. Lo que le ocurrió a los quarks y a los hadrones les ocurrió a los electrones: al final solo uno en 1 000 millones de electrones sobrevive. El resto se aniquila con positrones, sus cómplices antimateria, en un mar de fotones.

Justo ahora, un electrón por cada protón se "congela" en vida. Mientras el cosmos continúa enfriándose —las temperaturas están por debajo de los cien millones de grados— los protones se fusionan con protones, así como con neutrones, formando núcleos atómicos e incubando un universo en el que 90% de estos núcleos son hidrógeno y 10% son helio, junto con pequeñas cantidades de deuterio (hidrógeno pesado), tritio (hidrógeno aún más pesado) y litio.

✳

Ahora han pasado dos minutos desde el comienzo.

✳

rrestre, casi diez billones de kilómetros o casi seis billones de millas.

Durante otros 380 000 años no ocurrirá mucho más con nuestro caldo de partículas. A lo largo de estos milenios la temperatura se mantiene lo suficientemente caliente para que los electrones se muevan libremente entre los fotones, golpeándolos de aquí para allá mientras interactúan con ellos.

Pero esta libertad llega a un abrupto final cuando la temperatura del universo cae por debajo de 3 000 K (alrededor de la mitad de la temperatura de la superficie del Sol) y todos los electrones libres se unen a núcleos. El matrimonio deja detrás de sí una luz visible que lo baña todo, marcando por siempre el cielo con un registro de donde se encontraba toda la materia en ese momento, y completando la formación de partículas y átomos en el universo primigenio.

✳

Durante los primeros 1 000 millones de años, el universo continuó expandiéndose y enfriándose mientras la materia gravitaba hacia las masivas concentraciones que llamamos *galaxias*. Se formaron casi 100 000 millones de ellas, cada una conteniendo cientos de miles de millones de estrellas cuyos núcleos sufren fusiones termonucleares. Esas estrellas, con más de diez veces la masa del Sol, alcanzan suficiente presión y temperatura dentro de sus núcleos para producir docenas de elementos más pesados que el hidrógeno, incluyendo aquellos que componen los planetas y la vida que pueda desarrollarse en ellos.

Estos elementos serían increíblemente inútiles de quedarse donde se habían formado. Pero las estrellas de gran masa explotaron de manera fortuita, esparciendo sus entrañas ricas en químicos por toda la galaxia. Tras 9 000 millones de años de enriquecerse, en una parte cualquiera del universo (los alrededores del Supercúmulo de Virgo), en una galaxia cualquiera (la Vía Láctea), en una región cualquiera (el Brazo de Orión), nació una estrella cualquiera (el Sol).

La nube de gas de la que se formó el Sol contenía una cantidad suficiente de elementos pesados para unir y engendrar un complejo inventario de objetos orbitantes que incluyen varios planetas rocosos y gaseosos, cientos de miles de asteroides y miles de millones de cometas. Durante los primeros varios cientos de millones de años, grandes cantidades de restos en caprichosas órbitas se acumularían hasta formar cuerpos más grandes. Esto ocurrió en impactos de alta velocidad y alta energía, que dejaron fundidas las superficies de los planetas, previniendo la formación de moléculas complejas.

Conforme quedaba menos y menos materia acumulable en el sistema solar, las superficies de los planetas comenzaron a enfriarse. Ese planeta al que llamamos Tierra se formó en un tipo de zona de habitabilidad alrededor del Sol, donde los océanos permanecen en gran parte en forma líquida. Si la Tierra hubiera estado mucho más cerca del Sol, los océanos se habrían evaporado. Si la Tierra hubiera estado mucho más lejos, los océanos se habrían congelado. En cualquiera de los casos, la vida tal como la conocemos no habría evolucionado.

Dentro de los océanos ricos en químicos, a través de un mecanismo que aún no se descubre, las moléculas orgánicas se convirtieron en formas de vida capaces de autorreplicarse. En este caldo primigenio dominaban las bacterias anaeróbicas simples, un tipo de vida que florece en ambientes carentes de oxígeno, pero que excreta oxígeno químicamente potente como uno de sus subproductos. Sin quererlo, estos primitivos organismos unicelulares transformaron la atmósfera rica en bióxido de carbono de la Tierra en una con suficiente oxígeno para permitir que organismos aeróbicos surgieran y dominaran los océanos y la Tierra. Estos mismos átomos de oxígeno, que normalmente se encuentran en pares (O_2), también se combinaron en tríos para formar ozono (O_3) en la atmósfera superior, que sirve como escudo para proteger la superficie de la Tierra de la mayoría de los fotones ultravioleta del Sol, hostiles a las moléculas.

Debemos la extraordinaria diversidad de la vida en la Tierra, y suponemos que en otras partes del universo, a la abundancia cósmica de carbono y al innumerable número de moléculas simples y complejas que lo contienen. No hay duda al respecto: existen más variedades de moléculas a base de carbono que todas las moléculas de otros tipos combinadas.

Pero la vida es frágil. Los encuentros ocasionales de la Tierra con grandes e impredecibles cometas y asteroides, antes sucesos comunes, causan esporádicos estragos en nuestro ecosistema. Apenas hace 65 millones de años (menos de 2% del pasado de la Tierra), un asteroide de 10 billones de toneladas cayó en lo que hoy es la península de Yucatán y exterminó a más de 70% de la flora y fauna de la Tierra, incluyendo a los famosos y gigantescos dinosaurios. La extinción. Esta catástrofe ecológica permitió a nuestros ancestros mamíferos llenar los recién desocupados nichos, en vez de seguir sirviendo como aperitivos a los *T. rex*. Un tipo de mamífero de cerebro grande, ese al que llamamos primate, evolucionó en un género y especie (*Homo sapiens*) con suficiente inteligencia como para inventar métodos y herramientas científicos, y para deducir el origen y la evolución del universo.

✳

¿Qué pasó antes de todo esto? ¿Qué pasó antes del comienzo?

Los astrofísicos no tienen idea. O más bien, nuestras ideas más creativas tienen poca o ninguna base en la ciencia experimental. En respuesta, algunas personas religiosas afirman, con un tono de superioridad moral, que *algo* debió haberlo empezado todo: una fuerza mayor que todas las demás, una fuente de la que todo emana. Una causa primera. Para esas personas, ese algo por supuesto es Dios.

Pero ¿y si el universo siempre hubiera estado ahí, en un estado o condición que aún tenemos que identificar?, ¿un multiverso que, por ejemplo, continuamente crea otros universos?, ¿o qué tal si el universo apenas acaba de surgir de la nada?, ¿o qué tal si todo lo que conocemos y amamos solo fuera una simulación de computadora creada para la diversión de una especie extraterrestre superinteligente?

Estas ideas filosóficamente divertidas generalmente no satisfacen a nadie. Sin embargo, nos recuerdan que la ignorancia es el estado natural de la mente para un científico investigador. Las personas que creen no ignorar nada no han buscado ni se han topado con el límite de lo que se conoce y lo que se desconoce en el universo.

Lo que sí sabemos y lo que podemos afirmar sin dudar es que el universo tuvo un comienzo. El universo continúa evolucionando. Y sí, cada uno de los átomos de nuestro cuerpo tiene su origen en el Big Bang y en los hornos termonucleares con estrellas de gran masa que estallaron hace más de 5 000 millones de años.

Somos polvo de estrellas al que se le dio vida y al que el universo luego dio el poder para descifrarse a sí mismo. Y apenas hemos comenzado.

2.
ASÍ EN LA TIERRA COMO
EN EL CIELO

Hasta que sir Isaac Newton escribió la ley de la gravitación universal, nadie tuvo motivos para asumir que las leyes de la física en casa serían iguales que en el resto del universo. Había cosas terrestres ocurriendo en la Tierra y cosas celestes ocurriendo en los cielos. De acuerdo con las enseñanzas cristianas de aquellos tiempos, Dios controlaba los cielos, haciéndolos incognoscibles para nuestras débiles mentes mortales. Cuando Newton superó esta barrera filosófica, al hacer todo movimiento comprensible y predecible, algunos teólogos lo criticaron por no haberle dejado al Creador nada por hacer. Newton había descubierto que la fuerza de gravedad que arranca las manzanas maduras de los árboles también guía en sus trayectorias curvas a los objetos que son lanzados y dirige a la Luna en su órbita alrededor de la Tierra. La ley de la gravedad de Newton también guía planetas, asteroides y cometas en sus órbitas alrededor del Sol, y mantiene a centenares de miles de millones de estrellas en órbita dentro de nuestra galaxia, la Vía Láctea.

Esta universalidad de las leyes físicas impulsa descubrimientos científicos como ninguna otra cosa. Y la gravedad fue solo el principio. Imagina la emoción entre los astrónomos del siglo XIX cuando los prismas de laboratorio, que descomponen los haces de luz en un espectro de colores, fueron girados por primera vez hacia el Sol. Los espectros no solo son hermosos, sino que contienen un montón de información sobre el objeto emisor de luz, incluyendo su temperatura y su composición. Los elementos químicos se revelan a sí mismos por sus singulares patrones de bandas claras u oscuras que atraviesan el espectro. Para deleite y asombro de la gente, las firmas químicas del Sol eran idénticas a las del laboratorio.

El prisma, ahora ya no una herramienta exclusiva de los químicos, mostró que a pesar de lo distinto que el Sol es de la Tierra en tamaño, masa, temperatura, ubicación y apariencia, ambos contienen los mismos elementos: hidrógeno, carbono, oxígeno, nitrógeno, calcio, hierro y demás. Pero aún más importante que nuestra lista de ingredientes en común fue el reconocimiento de que las leyes de la física que prescriben la formación de estas firmas espectrales del Sol eran las mismas leyes que operaban en la Tierra, a casi 150 millones de kilómetros de distancia.

Este concepto de *universalidad* fue tan fértil que se aplicó exitosamente en sentido opuesto. Algunos análisis más detallados sobre el espectro del Sol revelaron la firma de un elemento que no tenía contraparte conocida en la Tierra. Al pertenecer al Sol, la nueva sustancia recibió un nombre derivado de la palabra griega *helios* (el Sol), y fue más tarde descubierta en el laboratorio. Así, el helio se convirtió en el primer y único elemento de la tabla periódica en ser descubierto fuera de la Tierra.

Sí, las leyes de la física funcionan en el sistema solar, pero ¿funcionan en toda la galaxia?, ¿en todo el universo?, ¿a través del tiempo mismo? Las leyes se pusieron a prueba paso a paso. Algunas estrellas cercanas también revelaron químicos conocidos. Algunas estrellas binarias distantes, ligadas en órbita mutua, parecen saber todo sobre las leyes de gravedad de Newton. Por la misma razón lo saben las galaxias binarias.

De la misma forma que los sedimentos estratificados del geólogo, que sirven como una línea del tiempo de eventos terrestres, conforme más lejos vemos en el espacio, más atrás vemos en el tiempo. Los espectros de los objetos más lejanos del universo muestran las mismas firmas químicas que vemos en el espacio y tiempo cercanos. Es verdad, los elementos pesados eran menos abundantes entonces —se producen principalmente en generaciones posteriores de estrellas que explotan—, pero las leyes que describen los procesos atómicos y moleculares que crearon estas firmas espectrales siguen intactas. En particular, una cantidad llamada *constante de estructura fina*, que controla las huellas digitales básicas de cada elemento, debe haber permanecido inalterada durante miles de millones de años.

Por supuesto, no todas las cosas y fenómenos en el cosmos tienen contrapartes en la Tierra. Probablemente tú nunca hayas caminado por una brillante nube de plasma de un millón de grados Kelvin, y podría asegurar que nunca te has encontrado con un agujero negro en la calle. Lo que importa es la universalidad de las leyes físicas que los describen. Cuando se aplicó por primera vez el análisis espectral a la luz emitida por las nebulosas interestelares, nuevamente se descubrió una firma que no tenía contraparte en la Tierra. En aquellos tiempos, la tabla periódica de los elementos no tenía un espacio obvio para colocar un nuevo elemento. En respuesta, los astrofísicos inventaron el nombre *nebulio* para reservar su lugar hasta que pudieran averiguar más. Resulta que en el espacio las nebulosas gaseosas están tan enrarecidas que los átomos pasan largas distancias sin colisionar. Bajo estas condiciones, los electrones pueden hacer cosas dentro de los átomos nunca antes vistas en los laboratorios de la Tierra. El nebulio fue simplemente la firma del oxígeno ordinario haciendo cosas extraordinarias.

Esta universalidad de las leyes físicas nos dice que si aterrizamos en otro planeta con una floreciente civilización extraterrestre, ellos estarán sujetos a las mismas leyes que hemos descubierto y probado aquí en la Tierra, incluso si los extraterrestres tienen convicciones sociales y políticas diferentes. Asimismo, si quisieras hablar con los extraterrestres, puedes estar seguro de que no hablarían inglés, francés ni mandarín. Tampoco sabrías si estrechar sus manos —si es que, de hecho, su extremidad extendida fuera una mano— sería considerado un acto de guerra o de paz. Tu única esperanza sería encontrar una manera de comunicarte usando el lenguaje de la ciencia.

Esto se intentó en la década de 1970 con las *Pioneer 10* y *11*, y las *Voyager 1* y *2*. Las cuatro naves espaciales contaban con suficiente energía, tras emplear la asistencia gravitatoria de los planetas gigantes, para escapar por completo del sistema solar.

La *Pioneer* llevaba una placa grabada en oro que mostraba, en pictogramas científicos, la configuración de nuestro sistema solar, nuestra ubicación en la Vía Láctea, así como la estructura del átomo de hidrógeno. La *Voyager* fue más allá y también incluyó un disco de oro con varios sonidos de la Madre Tierra, incluyendo el latido del corazón humano, cantos de ballenas y selecciones musicales de todo el mundo, como obras de Beethoven y Chuck Berry. Si bien esto humanizó el mensaje, no nos queda claro si los oídos extraterrestres tendrían idea de lo que estaban oyendo (asumiendo, por supuesto, que tienen oídos). Mi parodia favorita de este gesto se dio en el programa de televisión de NBC *Saturday Night Live*, poco después del lanzamiento de la *Voyager*. En ella mostraban una respuesta escrita de los extraterrestres que recuperaron la nave espacial. La nota únicamente decía: "Envíen más Chuck Berry".

La ciencia no solo florece gracias a la universalidad de las leyes físicas, sino también gracias a la existencia y permanencia de constantes físicas. La constante de gravitación universal, conocida por la mayoría de los científicos como G, proporciona a la ecuación de la gravedad de Newton la medida de cuán potente será la fuerza. Esta cantidad ha sido implícitamente puesta a prueba durante eones. Si haces las cuentas, puedes determinar que la luminosidad de una estrella depende estrechamente de la G. En otras palabras, si la G hubiera sido incluso ligeramente distinta en el pasado, la producción de energía del Sol habría sido mucho más variable de lo que indican los registros biológicos, climatológicos o geológicos.

Tal es la uniformidad de nuestro universo.

✳

Entre todas las constantes, la velocidad de la luz es la más famosa. No importa lo rápido que vayas, nunca superarás a un rayo de luz. ¿Por qué no? Ningún experimento jamás realizado ha dado a conocer un objeto de cualquier forma que alcance la velocidad de la luz. Las leyes de la física probadas predicen y explican este hecho. Sé que estas declaraciones suenan intolerantes. Algunas de las proclamaciones más tontas del pasado, basadas en la ciencia, han subestimado el ingenio de inventores e ingenieros: "Nunca volaremos", "Volar nunca será comercialmente viable", "Nunca dividiremos el átomo", " Nunca romperemos la barrera del sonido", "Nunca iremos a la Luna". Lo que tienen en común es que ninguna ley reconocida de la física se interpuso en su camino.

La afirmación "Nunca aventajaremos a un haz de luz" es una predicción cualitativamente diferente. Surge de principios físicos básicos comprobados. En las señales de tráfico de los viajeros interestelares del futuro justificadamente se leerá:

> LA VELOCIDAD DE LA LUZ:
> NO ES SÓLO UNA BUENA IDEA.
> ES LA LEY.

A diferencia de ser detenido por ir a exceso de velocidad en las autopistas de la Tierra, lo bueno de las leyes de la física es que no necesitan de las fuerzas del orden para que se obedezcan, aunque alguna vez sí tuve una camiseta ñoña que decía: "OBEDECE LA GRAVEDAD".

Todas las mediciones sugieren que las constantes fundamentales conocidas y las leyes físicas que hacen referencia a ellas no dependen del tiempo ni de la ubicación. Son verdaderamente constantes y universales.

✳

Muchos fenómenos naturales manifiestan múltiples leyes físicas que operan al mismo tiempo. Este hecho a menudo complica el análisis y, en la mayoría de los casos, requiere computación de alto rendimiento

para calcular lo que está sucediendo, y para dar segui-
miento a parámetros importantes. Cuando el cometa
Shoemaker-Levy 9 se sumergió en la atmósfera rica
en gas de Júpiter en julio de 1994, y luego explotó,
el modelo de computación más preciso combinó las
leyes de la mecánica de fluidos, termodinámica, ci-
nemática y gravitación. El clima y el tiempo atmos-
férico representan otros importantes ejemplos de fenómenos complicados (y difíciles de predecir). Pero
las leyes básicas que los rigen aún operan. La Gran
Mancha Roja de Júpiter, un furioso anticiclón que ha
estado soplando por al menos 350 años, es impulsado
por procesos físicos idénticos a los que generan tormentas en la Tierra y en otras partes del sistema solar.

Otro tipo de verdades universales son las leyes de
conservación, en las que la cantidad de una magni-
tud medida permanece sin cambios pase lo que pase.
Las tres más importantes son la conservación de la
masa y la energía, la conservación del momento li-
neal y del momento angular, y la conservación de la
carga eléctrica. Estas leyes son evidentes en la Tierra y en todas partes en que hemos decidido revisar,
desde el campo de la física de partículas hasta la estructura a gran escala del universo.

A pesar del alardeo, no todo en el paraíso es per-
fecto. Sucede que no podemos ver, tocar o probar

la fuente de 80% de la gravedad que medimos en el universo. Esta misteriosa materia oscura, que permanece desapercibida excepto por su atracción gravitacional en la materia que vemos, puede estar compuesta de partículas exóticas que todavía tenemos que descubrir o identificar. Una minoría de astrofísicos, sin embargo, no está convencida y ha sugerido que no hay materia oscura, solo tenemos que modificar la ley de la gravedad de Newton. Solo añade unos cuantos componentes a las ecuaciones y todo estará bien.

Tal vez algún día descubramos que la gravedad de Newton ciertamente requiere un ajuste. No habría problema. Ya ocurrió una vez. La teoría general de la relatividad de Einstein de 1916 expandió los principios de gravedad de Newton de una manera que también aplicaba a los objetos de masa extremadamente grande. La ley de la gravedad de Newton se viene abajo en este campo expandido que era desconocido para él. La lección es que nuestra confianza fluye a través de la gama de condiciones sobre las que una ley ha sido probada y verificada. Entre más amplio sea ese rango, más potente y poderosa se vuelve la ley para describir al cosmos. Para la gravedad ordinaria, la ley de Newton funciona muy bien. Nos llevó a la Luna y nos trajo de vuelta a la Tierra sanos y salvos en 1969. Para los agujeros negros y la estructura a gran escala del universo, necesitamos la relatividad general. Y si usas poca masa y velocidades bajas en las ecuaciones de Einstein, literalmente (o más bien, matemáticamente) se convierten en las ecuaciones de Newton, todas buenas razones para tener confianza en nuestro entendimiento de todo lo que aseguramos entender.

✳

Para el científico, la universalidad de las leyes físicas hace del cosmos un lugar increíblemente sencillo. En comparación, la naturaleza humana —dominio de los psicólogos— es infinitamente más intimidante. En Estados Unidos, los consejos escolares locales votan sobre los temas que se enseñarán en las aulas. En algunos casos, los votos se emiten de acuerdo con los caprichos de las tendencias culturales, políticas o religiosas. En el mundo, los diversos sistemas de creencias conducen a diferencias que no siempre se resuelven pacíficamente. El poder y la belleza de las leyes físicas es que se aplican en todas partes, independientemente de si eliges creer en ellas o no.

En otras palabras, después de las leyes de la física, lo demás es una opinión.

No es que los científicos no discutan. Lo hacemos. Mucho. Pero cuando lo hacemos, solemos expresar opiniones sobre la interpretación de datos insuficientes o descuidados en la vanguardia de nuestro conocimiento. Dondequiera y siempre que una ley física pueda citarse en una discusión, el debate será breve: No, tu idea de una máquina de movimiento perpetuo nunca funcionará; viola leyes probadas de la termodinámica. No, no puedes construir una máquina del tiempo que te permita regresar y matar a tu madre antes de que nazcas; viola las leyes de causalidad. Y sin violar las leyes de momentum, no puedes levitar y flotar sobre el suelo, independientemente de si estás sentado o no en posición de loto.[1]

El conocimiento de las leyes físicas puede, en algunos casos, darte la confianza para confrontar gente grosera. Hace unos años estaba tomando un chocolate caliente en un restaurante de postres en Pasadena, California. Lo ordené con crema batida, por supuesto. Cuando llegó a la mesa, no vi rastro alguno de ella. Después de decirle al mesero que mi chocolate no tenía crema batida, dijo que no podía verla porque se había hundido hasta el fondo. Pero la

---

[1] Podrías, en teoría, realizar este truco si lograras dejar salir una poderosa y sostenida flatulencia.

crema batida es de baja densidad y flota en todos los líquidos que los humanos consumen. Así que ofrecí al mesero dos posibles explicaciones: o alguien olvidó agregar la crema batida a mi chocolate caliente o las leyes universales de la física eran diferentes en su restaurante.

Poco convencido y desafiante, trajo una cucharada de crema batida para demostrar su afirmación. Tras moverse de arriba abajo una o dos veces, la crema batida ascendió a la parte superior, manteniéndose a flote.

¿Qué mejor prueba de la universalidad de las leyes físicas se necesita?

3.
HÁGASE LA LUZ

Después del Big Bang, el propósito principal del cosmos era la expansión, siempre diluyendo la concentración de energía que llenaba el espacio. Al paso de cada momento, el universo se hacía un poco más grande, un poco más frío y un poco más oscuro. Mientras tanto, la materia y la energía cohabitaban una especie de sopa opaca, en la que electrones libres continuamente esparcían fotones en todas direcciones.

Las cosas siguieron así por 380 000 años. En esta época temprana, los fotones no viajaban lejos antes de encontrarse con un electrón. Si en ese entonces tu misión hubiera sido ver a través del universo, no habrías podido hacerlo. Cualquier fotón que hubieras detectado, se habría precipitado sobre un electrón justo frente a ti, nanosegundos y picosegundos antes.[1] Dado que esa es la mayor distancia que la in-

---

[1] Un nanosegundo es un mil millonésimo de segundo. Un picosegundo es un billonésimo de segundo.

formación puede recorrer antes de llegar a tus ojos, el universo entero era simplemente una niebla turbia e incandescente en cualquier dirección que miraras. El Sol y todas las otras estrellas también se comportan de esta manera.

A medida que la temperatura desciende, las partículas se mueven más y más lentamente. Y justo entonces, cuando la temperatura del universo descendió por primera vez debajo de unos candentes 3 000 K, los electrones disminuyeron su velocidad lo suficientemente para ser capturados por los protones que pasaban, trayendo al mundo átomos completamente desarrollados. Esto permitió que los fotones previamente acosados fueran puestos en libertad y que viajaran en el universo por senderos ininterrumpidos.

Este fondo cósmico es la encarnación de la luz sobrante de un candente y deslumbrante universo temprano, y se le puede asignar una temperatura en función de la parte del espectro que representan los fotones dominantes. Conforme el cosmos continuaba enfriándose, los fotones que habían nacido en la parte visible del espectro perdieron energía a causa del universo en expansión y finalmente se deslizaron por el espectro, transformándose en fotones infrarrojos. Aunque los fotones de luz visible se habían debilitado más y más, nunca dejaron de ser fotones.

¿Qué sigue en el espectro? Hoy el universo se ha expandido por un factor de mil desde el momento en que los fotones fueron liberados y, a su vez, el fondo cósmico se ha enfriado por un factor de mil. Todos los fotones de la luz visible de aquella era se han vuelto un milésimo igual de energéticos. Ahora son microondas, de donde salió el moderno nombre de *radiación de fondo de microondas,* o RFM para abreviar. Si seguimos a este paso por 50 000 millones de años a partir de ahora, los astrofísicos estarán escribiendo sobre la radiación de fondo de ondas de radio.

Cuando algo brilla al ser calentado, emite luz en todas las partes del espectro, pero siempre alcanzará su punto máximo en alguna parte. En las lámparas caseras que aún utilizan filamentos de metal incandescente, las bombillas, alcanzan su punto máximo en infrarrojo, que es el factor que más contribuye a su ineficiencia como fuente de luz visible. Nuestros sentidos detectan lo infrarrojo solo en forma de calor en nuestra piel. La revolución LED en tecnología de iluminación avanzada crea luz visible sin desperdiciar potencia en partes invisibles del espectro. De este modo es como surgen las locas afirmaciones en los empaques de las bombillas, como: "7 watts de LED reemplazan a 60 watts incandescentes". Al ser el remanente de algo que alguna vez resplandeció, el RFM tiene las características esperadas de un objeto radiante, pero que se enfría: alcanza su pico en una parte del espectro, pero también irradia en otras partes del espectro. En este caso, además de alcanzar su pico en microondas, el RFM emite algunas ondas de radio y una minúscula cantidad de fotones de mayor energía.

A mediados del siglo XX, el subcampo de la cosmología (que no debe confundirse con la cosmetología) no contaba con muchos datos. Y cuando los datos escasean, abundan ideas inteligentes e ilusas que se contraponen. El físico estadounidense George Gamow, nacido en Rusia, y algunos de sus colegas predijeron la existencia del RFM en la década de 1940. Las bases de estas ideas surgieron de la obra de 1927 del físico y sacerdote belga Georges Lemaître, considerado el padre de la cosmología del Big Bang. Sin embargo, fueron los físicos estadounidenses Ralph Alpher y Robert Herman quienes en 1948 calcularon por primera vez la temperatura que debería tener la radiación de fondo de microondas. Basaron sus cálculos en tres pilares: *1)* la teoría general de la relatividad de Einstein de 1916; *2)* el descubrimiento de Edwin Hubble de 1929, que dice que el universo se está expandiendo, y *3)* la física atómica desarrollada

46

en laboratorios antes y durante el Proyecto Manhattan, en el que se construyeron las bombas de la Segunda Guerra Mundial.

Herman y Alpher calcularon y propusieron una temperatura de 5 K para el universo. Pues esto simplemente estaba mal. La temperatura de estas microondas medida con exactitud es 2 725 grados, que a veces se escribe como 2.7 grados, y si eres algo flojo —numéricamente hablando—, nadie te culpará por redondear la temperatura del universo a 3 grados.

Pero hagamos una pausa momentánea. Herman y Alpher usaron la física atómica recién obtenida en un laboratorio y la aplicaron a condiciones hipotéticas en el universo temprano. A partir de ello, extrapolaron miles de millones de años hacia el futuro, calculando la temperatura que el universo debería tener en la actualidad. El hecho de que su predicción se aproximara incluso remotamente a la respuesta correcta es un triunfo impresionante de perspicacia humana. Podrían haber estado equivocados por un factor, por diez, o cien, o podrían haber predicho algo que ni siquiera existía. El astrofísico estadounidense J. Richard Gott comentó sobre esta hazaña: "Predecir que el fondo existía y luego obtener su temperatura correcta dentro de un factor de 2, fue como predecir que un platillo volador de 15.24 metros de ancho aterrizaría en el jardín de la Casa Blanca, y que el platillo volador realmente llegara, pero que fuera de 8.22 metros de ancho".

✳

La primera observación directa de la radiación de fondo de microondas fue hecha, sin saberlo, en 1964 por los físicos estadounidenses Arno Penzias y Robert Wilson, de los Laboratorios Telefónicos Bell, la rama de investigación de AT&T. En los sesenta todo el mundo conocía las microondas, pero casi nadie tenía la tecnología para detectarlas. Los Laboratorios Bell, pioneros en la industria de las comunicaciones, desarrollaron una maciza antena en forma de cuerno únicamente para este fin.

Pero antes que nada, si vas a enviar o a recibir un señal, no debe haber demasiadas fuentes que la contaminen. Penzias y Wilson intentaron medir la interferencia de microondas sobre su receptor para lograr una comunicación clara y sin ruido en esta banda del espectro. No eran cosmólogos, eran magos de la tecnología perfeccionando un receptor de microondas, y no conocían las predicciones de Gamow, Herman y Alpher.

Claramente, Penzias y Wilson no buscaban la radiación de fondo de microondas; solo intentaban abrir un nuevo canal de comunicación para AT&T.

Penzias y Wilson realizaron su experimento y restaron de sus datos todas las fuentes de interferencia terrestre y cósmica que pudieron identificar, pero una parte de la señal no desapareció, y simplemente no sabían cómo eliminarla. Finalmente revisaron el interior de la antena y descubrieron que unas palomas habían anidado en ella. Así que les preocupaba que una sustancia dieléctrica blanca (popó de paloma) pudiera ser la responsable de la señal, porque la detectaban sin importar la dirección a la que apuntaran el detector. Después de limpiar la sustancia dieléctrica, la interferencia bajó un poco, pero aún había una señal. El artículo que publicaron en 1965 se trataba de este inexplicable "exceso de temperatura de antena".[2]

Mientras tanto, un equipo de físicos en Princeton, encabezado por Robert Dicke, construía un detector específicamente para encontrar el RFM, pero no contaban con los recursos de los Laboratorios Bell,

---

[2] A.A. Penzias y R.W. Wilson, "A Measurement of Excess Antenna Temperature at 4080 Mc/s" [Una medición de exceso de temperatura de antena a 4080 m/s], *Astrophysical Journal*, 142, 1965, pp. 419-421.

por lo que su trabajo fue un poco más lento. Cuando Dicke y sus colegas se enteraron del trabajo de Penzias y Wilson, supieron exactamente lo que era ese exceso de temperatura de antena que habían observado. Todo encajaba: especialmente la temperatura misma y el hecho de que la señal viniera de todas las direcciones del cielo.

En 1978, Penzias y Wilson obtuvieron el Premio Nobel por su descubrimiento. En 2006, los astrofísicos estadounidenses John C. Mather y George F. Smoot compartirían el Premio Nobel por observar el RFM en una amplia gama del espectro, y transformar la cosmología de un criadero de ideas inteligentes, pero sin comprobar, en un campo de una ciencia precisa y experimental.

Debido a que toma tiempo para que la luz llegue desde lugares distantes del universo, si dirigimos nuestra vista al espacio, en realidad estamos viendo eones de tiempo atrás. Así que si los habitantes inteligentes de una galaxia lejana, muy lejana, decidieran medir la temperatura de la radiación de fondo de microondas del momento captado por nuestra vista, obtendrían una lectura superior a 2.7 grados, porque ellos viven en un universo más joven, más pequeño y más caliente que nosotros.

Resulta que sí es posible comprobar esta hipótesis. La molécula de cianógeno CN (componente activo del gas alguna vez administrado a los asesinos condenados a muerte) se excita por la exposición a las microondas. Si las microondas son más calientes que las de nuestra radiación de fondo de microondas, excitan un poco más la molécula. En el modelo del Big Bang, el cianógeno de galaxias distantes y jóvenes es bañado por una radiación de fondo de microondas más cálida que el cianógeno de nuestra propia galaxia, la Vía Láctea. Y eso es exactamente lo que observamos. Uno no podría inventar estas cosas.

¿Por qué es interesante esto? El universo era opaco hasta 380 000 años después del Big Bang, así que no podrías haber sido testigo de cómo se formaba la materia, incluso si estuvieras sentado en primera fila. No podrías haber visto dónde se empezaban a formar los cúmulos de galaxias y los vacíos. Antes de que cualquiera pudiera ver algo que valiera la pena ver, los fotones tenían que viajar, sin obstáculos, por el universo, llevando esta información.

El lugar donde cada fotón comenzó su viaje a través del cosmos es donde se estrelló contra el último electrón que jamás se interpondría en su camino:

la última superficie de dispersión. Conforme más y más fotones escapan sin estrellarse, crean una superficie en expansión de última dispersión, de unos 120 000 años de profundidad. Esa superficie es donde todos los átomos del universo nacieron: un electrón se une a un núcleo atómico, y una pequeña pulsación de energía en forma de un fotón se eleva y se aleja en la rojiza lejanía.

Para entonces, algunas regiones del universo ya habían comenzado a fusionarse por la atracción gravitacional de sus partes. Los últimos fotones en dispersar electrones en estas regiones desarrollaron un perfil diferente y ligeramente más frío que aquellos que dispersaron electrones menos sociables, ubicados en el medio de la nada. La fuerza de la gravedad creció en los sitios donde la materia se acumuló, permitiendo que más y más materia se acumulara. Estas regiones sembraron las semillas para la formación de los supercúmulos de las galaxias, mientras que otras regiones quedaron relativamente vacías.

Cuando haces un mapa detallado del fondo cósmico de microondas, notas que no es completamente homogéneo. Hay lugares que son ligeramente más calientes y ligeramente más fríos que el promedio. Al estudiar estas variaciones de temperatura en la RFM —es decir, al estudiar los patrones en la última superficie de dispersión—, podemos inferir cuál era la estructura y el contenido de la materia en el universo temprano. Para saber cómo surgieron las galaxias, los cúmulos y los supercúmulos usamos nuestra mejor sonda, el RFM, una potente cápsula de tiempo que permite a los astrofísicos reconstruir la historia cósmica a la inversa. Estudiar sus patrones es como realizar un tipo de frenología cósmica en la que analizamos las protuberancias craneales del universo infantil.

Cuando está limitado por otras observaciones del universo contemporáneo y distante, el RFM te permite decodificar todo tipo de propiedades cósmicas fundamentales. Al comparar la distribución de los tamaños y temperaturas de las áreas calientes y frías, podrás inferir cuán fuerte era la fuerza de gravedad en ese momento y cuán rápido se acumuló la materia, permitiéndote deducir la cantidad de materia ordinaria, materia oscura y energía oscura que hay en el universo. A partir de aquí es sencillo saber si el universo se expandirá por siempre o no.

✳

Todos estamos hechos de materia ordinaria. Tiene gravedad e interactúa con la luz. La materia oscura es una sustancia misteriosa que tiene gravedad, pero que no interactúa con la luz de ninguna forma conocida. La energía oscura es una misteriosa presión en el vacío del espacio que actúa en la dirección opuesta a la gravedad, obligando al universo a expandirse más rápido de lo que lo haría.

El resultado de nuestro examen frenológico dice que entendemos cómo se comportaba el universo, pero que la mayor parte del universo está hecho de cosas de las que no tenemos ni idea. A pesar de nuestras profundas áreas de ignorancia, hoy, como nunca antes, la cosmología tiene un ancla, pues la RFM revela la puerta que todos atravesamos. Es un momento en el que ocurrieron cosas interesantes en el terreno de la física y en el que aprendimos sobre el universo antes y después de que la luz fuera liberada.

El simple descubrimiento del fondo cósmico de microondas convirtió a la cosmología en algo más que mitología. Pero fue el meticuloso y detallado mapa de la radiación de fondo de microondas lo que transformó a la cosmología en una ciencia moderna. Los cosmólogos tienen egos muy grandes. Pero ¿cómo no tenerlos cuando su trabajo es deducir lo que originó al universo? Sin datos, sus explicaciones eran únicamente hipótesis. Ahora, cada nueva observación, cada trozo de información, empuña una espada de dos filos: permite a la cosmología desarrollarse sobre el tipo de base que goza el resto de la ciencia, pero también restringe las teorías ideadas por personas cuando todavía no había suficientes datos para saber si estaban bien o mal.

Ninguna ciencia alcanza la madurez sin ella.

4.
ENTRE GALAXIAS

En el recuento total de los componentes cósmicos, las galaxias son lo que normalmente se cuenta. Los cálculos más recientes muestran que el universo observable puede contener 100 000 millones de ellas. Las galaxias —brillantes, hermosas y llenas de estrellas— decoran los oscuros vacíos del espacio como ciudades en la noche. Pero ¿qué tan vacío es el vacío del espacio? (¿Cuán vacío está el campo entre las ciudades?). A pesar de que las galaxias están justo frente a nosotros, y a pesar de que podrían hacernos creer que nada más que ellas importa, el universo podría contener cosas difíciles de detectar entre las galaxias. Quizás esas cosas sean más interesantes o más importantes para la evolución del universo que las galaxias mismas.

Nuestra propia galaxia en forma de espiral, la Vía Láctea, se llama así porque a simple vista parece leche derramada en el cielo nocturno de la Tierra. De hecho, la palabra *galaxia* viene del griego *galaxias*, 'lechoso'. Nuestras dos galaxias vecinas más cercanas, a 600 000 años luz de distancia, son pequeñas y de forma irregular. La bitácora de la nave de Fernando Magallanes identificó estos objetos cósmicos durante su famoso viaje alrededor del mundo de 1519. En su honor, las llamamos Gran Nube de Magallanes y Pequeña Nube de Magallanes, y son visibles principalmente desde el hemisferio Sur como un par de manchas nubosas en el cielo, estacionadas más allá de las estrellas. La galaxia más cercana mayor que la nuestra está a dos millones de años luz de distancia, más allá de las estrellas que delinean la constelación Andrómeda. Esta galaxia espiral, tradicionalmente llamada la Gran Nebulosa de Andrómeda, es una gemela algo más masiva y luminosa que la Vía Láctea. Si te das cuenta, el nombre de cada sistema carece de referencia alguna a la existencia de estrellas: Vía Láctea, Nubes de Magallanes, La Nebulosa de Andrómeda. Las tres recibieron sus nombres antes de que se inventaran los telescopios, por lo que aún no se habían podido dividir en sus distritos estelares.

✳

Como se detalla en el Capítulo 9, sin el beneficio de los telescopios operando en múltiples bandas de luz, quizá podríamos declarar que el espacio entre las galaxias está vacío. Ayudados por detectores modernos y teorías modernas, hemos sondeado nuestro campo cósmico y revelado todo tipo de cosas difíciles de detectar: galaxias enanas, estrellas fugitivas, estrellas fugitivas que estallan, gas que emite rayos X de millones de grados, materia oscura, galaxias débiles azules, nubes de gas por todas partes, fenomenales partículas cargadas de alta energía y la misteriosa energía del vacío cuántico. Con una lista como esta, uno podría afirmar que toda la diversión del universo ocurre entre las galaxias y no dentro de ellas.

En cualquier volumen de espacio estudiado con precisión, las galaxias enanas superan en número a las galaxias grandes por más de diez a una. El primer ensayo que escribí sobre el universo, a principios de los ochenta, se titulaba "La Galaxia y los Siete Enanos", refiriéndose a la minúscula familia cercana a la Vía Láctea. Desde entonces, el recuento de galaxias enanas locales ha llegado a docenas. Mientras que las galaxias hechas y derechas contienen cientos de miles de millones de estrellas, las galaxias enanas pueden tener apenas un millón, lo que las hace cien mil veces más difíciles de detectar. No es de extrañar que sigan siendo descubiertas frente a nuestras narices.

Las imágenes de las galaxias enanas que ya no producen estrellas suelen parecer manchas pequeñas y aburridas. Las enanas que sí forman estrellas son todas de forma irregular y, francamente, su aspecto da lástima. Las galaxias enanas tienen tres cosas que dificultan su detección: todas ellas son tan pequeñas que fácilmente son ignoradas a causa de atractivas galaxias espirales que compiten por tu atención. Son tenues, por lo que se pasan por alto en muchos estudios de galaxias que cortan por debajo de un nivel de brillo predeterminado. Tienen una baja densidad de estrellas en su interior, por lo que su contraste es pobre comparado con el resplandor de la luz de los alrededores de la atmósfera nocturna de la Tierra y de otras fuentes. Todo esto es verdad. Pero debido a que las enanas superan en número por mucho a las galaxias "normales", quizá nuestra definición de lo que es normal debería cambiar.

La mayoría de las galaxias enanas (conocidas) se encuentran cerca de galaxias más grandes, en órbita alrededor de ellas como satélites. Las dos Nubes de Magallanes son parte de la familia de enanas de la Vía Láctea. Pero las vidas de las galaxias satélites pueden ser muy peligrosas. La mayoría de los modelos de computadora de sus órbitas muestran un lento deterioro que termina cuando las desafortunadas enanas son desgarradas y luego devoradas por la galaxia principal. La Vía Láctea participó en al menos un acto de canibalismo en los últimos 1 000 millones de años, cuando consumió una galaxia enana cuyos restos desollados pueden verse en forma de un río de estrellas orbitando en el centro galáctico, más allá de las estrellas de la Constelación de Sagitario. El sistema se llama Enana de Sagitario, pero quizá debería haberse llamado Almuerzo.

En el entorno de alta densidad de los cúmulos, dos o más galaxias grandes chocan periódicamente produciendo un desastre descomunal: irreconocibles estructuras espirales retorcidas, recientes brotes de regiones donde se forman las estrellas y que se engendraron tras la violenta colisión de nubes de gas, y cientos de millones de estrellas esparcidas por aquí y por allá que apenas escaparon a la gravedad de ambas galaxias. Algunas estrellas se reacomodan formando masas amorfas que podrían llamarse galaxias enanas. Otras estrellas permanecen a la deriva. Alrededor de 10% de todas las galaxias grandes muestran evidencias de un encuentro gravitacional serio con otra galaxia grande, y ese índice puede ser cinco veces mayor entre galaxias en cúmulos.

Con todo este caos, ¿cuántos desechos de galácticos penetran el espacio intergaláctico, especialmente dentro de los cúmulos? Nadie lo sabe con certeza. La medición es difícil porque las estrellas aisladas son demasiado oscuras como para detectarlas de forma individual. Dependemos de poder detectar el débil resplandor producido por la luz de todas las estrellas combinadas. De hecho, las observaciones de cúmulos detectan tal brillo entre galaxias que sugieren que podría haber tantas estrellas vagabundas y sin hogar como hay estrellas dentro de las galaxias mismas.

Para echarle más leña a la discusión, hemos encontrado (sin buscarlas) más de una docena de supernovas que estallaron lejos de lo que suponemos deben de ser sus galaxias anfitrionas. En galaxias ordinarias, por cada estrella que explota de esta manera, otras entre cien mil a un millón no lo hacen, por lo que las supernovas aisladas pueden traicionar a poblaciones enteras de estrellas sin detectar. Las supernovas son estrellas que han estallado en mil pedazos y, en el proceso, han aumentado su luminosidad temporalmente (por varias semanas) mil millones de veces, haciéndolas visibles en todo el universo. Aunque una docena de supernovas sin hogar es un número relativamente pequeño, muchas más esperan ser descubiertas, ya que la mayoría de las búsquedas de supernovas monitorean de forma sistemática las galaxias conocidas y no el espacio vacío.

✳

Hay muchas más cosas en los cúmulos que las galaxias que las integran y sus erráticas estrellas. Las mediciones realizadas con telescopios sensibles a rayos X revelan un gas intracúmulo, a decenas de millones de grados, que llena el espacio. El gas es tan caliente que brilla intensamente en la parte de rayos X del espectro. El movimiento mismo de las galaxias ricas en gas a través de este medio eventualmente las despoja de su propio gas, obligándolas a perder su capacidad de crear nuevas estrellas. Eso podría explicarlo. Pero cuando se calcula la masa total presente en este gas caliente, en la mayoría de los cúmulos excede la masa de todas las galaxias del cúmulo por un factor de hasta diez. Peor aún, los cúmulos son invadidos por materia oscura, que resulta contener un factor de hasta diez veces la masa de todo lo demás. En otras palabras, si los telescopios observaran masa en vez de luz, entonces nuestras queridas galaxias en cúmulos parecerían insignificantes puntos de luz en medio de una gigantesca masa esférica de fuerzas gravitacionales.

En el resto del espacio, fuera de los cúmulos, hay una población de galaxias que floreció hace mucho tiempo. Como ya se ha señalado, observar el cosmos es similar a cuando un geólogo estudia los estratos sedimentarios, donde la historia de la formación de las rocas está a la vista. Las distancias cósmicas son tan vastas que el tiempo para que la luz llegue hasta nosotros puede ser de millones o incluso miles de millones de años.

Cuando el universo tenía la mitad de su edad actual, floreció una especie de galaxia muy azul y muy débil, de tamaño intermedio. Las vemos. Provienen de hace mucho tiempo y representan a las galaxias lejanas, muy lejanas. Su azul viene del resplandor de estrellas recién formadas, efímeras, de gran masa, de alta temperatura y alta luminosidad. Las galaxias son débiles no solo porque están lejos, sino porque la población de estrellas luminosas dentro de ellas era pequeña. Como los dinosaurios que llegaron y se fueron —dejando a las aves como únicos descendientes modernos—, las galaxias débiles azules ya no existen, pero probablemente tienen una contraparte en el universo actual. ¿Se consumieron todas sus estrellas? ¿Se han vuelto cadáveres invisibles esparcidos por todo el universo? ¿Se convirtieron en las galaxias enanas comunes de hoy? ¿O fueron todas devoradas por galaxias más grandes? No lo sabemos, pero su lugar en la línea del tiempo de la historia cósmica es innegable.

Con todas esto entre las grandes galaxias, es de esperar que algunas de ellas nos impidan ver lo que hay más allá. Esto podría ser un problema para los objetos más distantes del universo, como los cuásares. Los cuásares son núcleos de galaxias superluminosos, cuya luz normalmente ha estado viajando desde hace miles de millones de años a través del espacio antes de llegar hasta nuestros telescopios. Al tratarse de fuentes de luz extremadamente lejanas, son los conejillos de indias ideales para detectar basura que se interpone.

Efectivamente, cuando se separa la luz de un cuásar en los colores que la componen y revela un espectro, está plagado de la absorbente presencia de nubes de gas que se interponen. Todo cuásar conocido, sin importar en qué parte del cielo se encuentre, muestra características de docenas de nubes de hidrógeno aisladas, diseminadas a través del tiempo y el espacio. Esta clase única de objeto intergaláctico fue identificada por primera vez en los ochenta y sigue siendo un área activa de investigación astrofísica. ¿De dónde vinieron? ¿Cuánta masa contienen todos ellos?

Todo cuásar conocido presenta estas características del hidrógeno, por lo que concluimos que las nubes de hidrógeno están en todas partes del universo. Y, como es de esperarse, cuanto más lejos esté el cuásar, más nubes habrá en el espectro. Algunas de las nubes de hidrógeno (menos de 1%) simplemente son consecuencia de nuestro campo visual al pasar por el gas contenido en una galaxia espiral o irregular.

Por supuesto, es de esperar que al menos algunos cuásares queden detrás de la luz de galaxias ordinarias que están demasiado lejos para poderse detectar. Pero el resto de los absorbentes son inconfundibles como una clase de objeto cósmico.

Por otra parte, la luz de los cuásares comúnmente pasa por regiones del espacio que contienen monstruosas fuentes de gravedad que causan estragos en la imagen del cuásar. A menudo son difíciles de detectar porque pueden estar compuestos de materia que sencillamente es demasiado oscura y distante, o puede tratarse de zonas de materia oscura, como las que ocupan los centros y las regiones alrededor de los cúmulos de galaxias. Cualquiera que sea el caso, donde hay masa hay gravedad. Y, de acuerdo con la teoría general de la relatividad de Einstein, donde hay gravedad hay espacio curvo. Y donde el espacio es curvo, puede imitar la curvatura de una lente de vidrio común y alterar la trayectoria de la luz que lo atraviesa. En efecto, algunos cuásares lejanos y galaxias enteras han sido "modificados" por objetos que están en el campo visual de los telescopios de la Tierra. Dependiendo de la masa de la lente misma y de la geometría de las alineaciones del campo visual, el efecto lente puede magnificar, distorsionar o incluso dividir la fuente de luz de fondo en múltiples imágenes, tal como lo hacen los espejos de la casa de la risa en una feria.

Uno de los objetos más lejanos (conocidos) en el universo no es un cuásar sino una galaxia ordinaria, cuya débil luz se ha magnificado considerablemente a causa de la acción de una lente gravitacional. De ahora en adelante podríamos emplear estos telescopios intergalácticos para ver donde (y cuando) los telescopios ordinarios no pueden llegar, y así revelar a los futuros poseedores del récord de distancia cósmica.

✳

No hay a quien no le gusta el espacio intergaláctico, pero puede ser peligroso para tu salud si decides visitarlo. Ignoremos el hecho de que morirías congelado mientras tu tibio cuerpo intentara alcanzar el equilibrio a la temperatura de 3 grados del universo. Ignoremos también el hecho de que tus glóbulos rojos estallarían mientras te asfixias por la falta de presión atmosférica. Estos son peligros comunes. Pero si de sucesos más exóticos se trata, el espacio intergaláctico a menudo es perforado por superfantásticas partículas de alta energía, movimientos rápidos, cargadas y subatómicas. Las llamamos *rayos cósmicos*. Las partículas de mayor energía entre ellas tienen cien millones de veces la energía que puede generarse en los aceleradores de partículas más grandes del mundo. Su origen sigue siendo un misterio, pero la mayoría de estas partículas cargadas son protones, los núcleos de átomos de hidrógeno, y se mueven a 99.9999999999999999% de la velocidad de la luz. Sorprendentemente, estas partículas subatómicas llevan suficiente energía para golpear una pelota de golf desde cualquier parte del campo y meterla en el hoyo.

Tal vez los acontecimientos más exóticos entre las galaxias en el vacío del espacio y el tiempo es el borboteante océano de partículas virtuales, materia indetectable y pares antimateria que aparecen y desaparecen. Esta singular predicción de la física cuántica ha sido denominada la *energía del vacío*, y se manifiesta como una presión hacia el exterior, que actúa contra la gravedad y que crece en la total ausencia de materia. El universo en aceleración, la energía oscura encarnada, podría estar impulsado por la acción de esta energía del vacío.

Sí, el espacio intergaláctico es, y por siempre será, donde está la acción.

5.
MATERIA OSCURA

La gravedad, la fuerza de la naturaleza más conocida, nos ofrece simultáneamente los fenómenos más y menos comprendidos de la naturaleza. Hizo falta la mente de la persona más brillante e influyente del milenio, Isaac Newton, para darnos cuenta de que la misteriosa acción a distancia de la gravedad surge de los efectos naturales de cada trozo de materia y que la fuerza de atracción entre dos objetos puede describirse con una sencilla ecuación algebraica. Hizo falta la mente de la persona más brillante e influyente del siglo pasado, Albert Einstein, para demostrar que podemos describir de forma más precisa la acción a distancia de la gravedad como una deformación en el tejido del espacio-tiempo, producida por cualquier combinación de materia y energía. Einstein demostró que la teoría de Newton requiere ciertas modificaciones para describir la gravedad de manera precisa (para predecir, por ejemplo, cuánto se torcerán los rayos de luz al pasar por un objeto masivo). Aunque las ecuaciones de Einstein son más sofisticadas que las de Newton, integran muy bien la materia que hemos llegado a conocer y a amar. Materia que podemos ver, tocar, sentir, oler y, ocasionalmente, saborear.

No sabemos quién es el siguiente en la secuencia de genios, pero ya llevamos casi un siglo esperando a que alguien nos diga por qué gran parte de la fuerza gravitacional que hemos medido en el universo —cerca de 85%— proviene de sustancias que de otra forma no interactúan con nuestra materia o energía. O tal vez el exceso de gravedad no viene en absoluto de la materia y la energía, sino que emana de alguna otra cosa conceptual. En todo caso, básicamente no tenemos ni idea. Hoy no estamos más cerca de obtener una respuesta que cuando el problema de la *masa faltante* fue analizado por primera vez a fondo en 1937, por el astrofísico suizo estadounidense Fritz Zwicky. Él enseñó en el Instituto de Tecnología de California por más de cuarenta años, combinando sus conocimientos de largo alcance sobre el cosmos con una colorida forma de expresarse y una impresionante capacidad para hacer enojar a sus colegas.

Zwicky estudió el movimiento de galaxias individuales dentro de un titánico cúmulo de ellas ubicado más allá de las estrellas locales de la Vía Láctea que

70

trazan la constelación de Coma Berenices (la Cabellera de Berenice, una reina egipcia de la antigüedad). El Cúmulo de Coma, como lo llamamos, es un conjunto aislado y ricamente poblado de galaxias a unos 300 millones de años luz de la Tierra. Sus mil galaxias orbitan el centro del cúmulo, moviéndose en todas direcciones, como abejas en una colmena. Utilizando los movimientos de unas pocas docenas de galaxias para trazar el campo de gravedad que une todo el cúmulo, Zwicky descubrió que su velocidad media tenía un valor increíblemente alto. Dado que las fuerzas gravitacionales más grandes inducen velocidades más altas en los objetos que atraen, Zwicky dedujo una enorme masa para el Cúmulo de Coma. Para ubicarte en la realidad sobre ese cálculo, puedes sumar las masas de cada galaxia miembro que veas. A pesar de que Coma figura entre lo cúmulos más grandes y más masivos del universo, no contiene suficientes galaxias visibles como para justificar las velocidades observadas que Zwicky midió.

¿Qué tan mala es la situación? ¿Nos han fallado nuestras conocidas leyes de gravedad? Ciertamente funcionan dentro del sistema solar. Newton demostró que puedes derivar la velocidad única que un planeta debe tener para mantener una órbita estable a cualquier distancia del Sol y para que no descienda hacia el Sol o ascienda a una órbita más lejana. Resulta que si pudiéramos impulsar la velocidad de órbita de la Tierra a más de la raíz cuadrada de dos (1.4142...) multiplicada por su valor actual, nuestro planeta alcanzaría una velocidad de escape y saldría por completo del sistema solar. Podemos aplicar el mismo razonamiento en sistemas mucho más grandes, como nuestra propia galaxia, la Vía Láctea, en la que las estrellas se mueven en órbitas que responden a la gravedad de todas las otras estrellas; o bien en cúmulos de galaxias, donde cada galaxia también siente la gravedad de todas las otras galaxias. Con este ánimo, en medio de una página de fórmulas de su cuaderno, Einstein escribió una rima (que sonaba mejor en alemán que en esta traducción), en honor a Isaac Newton:

> Mira hacia las estrellas para enseñarnos
> Cómo los pensamientos del maestro pueden
>   alcanzarnos
> Cada uno sigue la matemática de Newton
> Silenciosamente a lo largo de su camino.[1]

---

[1] Nota del manuscrito, citada en Károly Simonyi, *A Cultural History of Physics* [Una historia cultural de la física], Boca Ratón, FL, CRC Press, 2012.

Cuando examinamos el Cúmulo de Coma, como lo hizo Zwicky en los treinta, descubrimos que las galaxias que lo integran se mueven más rápido que la velocidad de escape del cúmulo. El cúmulo debería dispersarse rápidamente, dejando apenas un rastro de su vida de colmena después de unos pocos cientos de millones de años. Pero el cúmulo tiene más de 10 000 millones de años, es casi tan viejo como el universo mismo. Y así nació el que sigue siendo el misterio sin resolver más antiguo de la astrofísica.

✳

A lo largo de las décadas que siguieron al trabajo de Zwicky, otros cúmulos de galaxias presentaron el mismo problema, así que no se pude culpar a Coma por ser rara. Entonces, ¿qué o a quién debemos culpar? ¿A Newton? Yo no lo haría. Al menos no todavía. Sus teorías han sido examinadas durante 250 años y han superado todas las pruebas. ¿A Einstein? No. La imponente gravedad de los cúmulos de galaxias aún no es lo suficientemente alta como para requerir toda la fuerza de la teoría general de la relatividad de Einstein, con apenas dos décadas de edad cuando Zwicky realizó su investigación. Tal vez la *masa faltante* necesaria para unir las galaxias del Cúmulo de Coma sí exista, pero de una forma desconocida e invisible. Hoy nos hemos decidido por el nombre *materia oscura*, que a pesar de no afirmar que algo haga falta, insinúa que debe existir algún nuevo tipo de materia que espera ser descubierta.

Apenas cuando los astrofísicos habían aceptado la materia oscura en los cúmulos de galaxias como algo misterioso, el problema asomó su invisible cabeza nuevamente. En 1976, la difunta Vera Rubin, astrofísica del Instituto Carnegie de Washington, descubrió una anomalía similar en la masa dentro de las galaxias espirales mismas. Al estudiar las velocidades a las que las estrellas orbitan los centros de sus galaxias, Rubin descubrió lo que esperaba: dentro del disco visible de cada galaxia, las estrellas más alejadas del centro se mueven a mayores velocidades que las estrellas más cercanas. Las estrellas más distantes tienen más materia (estrellas y gas) entre ellas y el centro de la galaxia, propiciando sus velocidades orbitales más altas. Sin embargo, más allá del disco luminoso de la galaxia, todavía es posible encontrar algunas nubes de gas aisladas y unas cuantas estrellas brillantes. Usando estos objetos como marcadores del campo de gravedad exterior hacia las partes más luminosas de la galaxia, donde no hay más materia visible que se sume al total, Rubin descubrió que sus velocidades orbitales, que ahora deberían empezar a descender por el aumento de la distancia ahí, en tierra de nadie, de hecho, se mantuvieron altas.

Estos volúmenes de espacio, en su mayor parte vacíos —las regiones rurales lejanas de cada galaxia—, contienen poquísima materia visible como para explicar las velocidades orbitales anormalmente altas de los marcadores. Atinadamente, Rubin pensó que debería de existir algún tipo de materia oscura en estas regiones lejanas, mucho más allá del límite visible de cada galaxia espiral. Gracias al trabajo de Rubin, ahora llamamos a estas misteriosas zonas *halos de materia oscura*.

Este problema del halo está justo frente a nuestras narices, en la Vía Láctea. De galaxia a galaxia y de cúmulo a cúmulo, la discrepancia entre la masa registrada de los objetos visibles y la masa de los objetos estimada a partir de la gravedad total oscila entre un factor de unos pocos (en algunos casos) hasta un factor de muchos cientos. En todo el universo, la discrepancia promedia un factor de seis: la materia cósmica oscura tiene alrededor de seis veces la gravedad total de toda la materia visible.

Investigaciones más detalladas han revelado que la materia oscura no puede consistir en materia ordinaria poco luminosa o no luminosa. Esta conclusión se basa en dos razonamientos. Primero, podemos eliminar casi con certeza todos los candidatos plausibles conocidos, como si se tratara de sospechosos en una rueda de reconocimiento policíaca. ¿Podría la materia oscura vivir en los agujeros negros? No, creemos que habríamos detectado muchos agujeros negros debido a sus efectos gravitacionales sobre las estrellas cercanas. ¿Podrían ser nubes oscuras? No, absorberían o interactuarían con la luz de las estrellas detrás de ellas, lo que la auténtica materia oscura no hace. ¿Podría tratarse de planetas interestelares (o intergalácticos) errantes, asteroides y cometas, ninguno de los cuales produce luz propia? Resulta difícil de creer que el universo produciría seis veces más masa en los planetas que en las estrellas. Esto querría decir 6 000 jupiteres por cada estrella en la galaxia o, peor aún, dos millones de tierras. En nuestro sistema solar, por ejemplo, todo aquello que no es el Sol suma menos de una quinta parte del 1% de la masa del Sol.

Más pruebas directas sobre la extraña naturaleza de la materia oscura provienen de la cantidad relativa de hidrógeno y helio en el universo. Juntas, estas cifras proporcionan una huella digital cósmica que dejó el universo temprano. En una aproximación cercana, la fusión nuclear durante los primeros minutos después del Big Bang produjo un núcleo de helio por cada diez núcleos de hidrógeno (que simplemente son protones). Los cálculos muestran que si la mayor parte de la materia oscura hubiera participado en la fusión nuclear, habría mucho más helio en relación con el hidrógeno en el universo. A partir de esto concluimos que la mayor parte de la materia oscura —por consiguiente, la mayor parte de la masa del universo— no participa en la fusión nuclear, lo que la descalifica como *materia ordinaria*, cuya esencia radica en su disposición a ser parte de las fuerzas atómicas y nucleares que dan forma a la materia tal y como la conocemos. Observaciones detalladas del Fondo Cósmico de Microondas, que facilitan un examen independiente de esta conclusión, confirman el resultado: la materia oscura y la fusión nuclear no se mezclan.

Así, lo mejor que podemos suponer es que la materia oscura no consiste simplemente en materia que casualmente es oscura. En cambio, es algo completamente distinto. La materia oscura ejerce gravedad de acuerdo con las mismas reglas que sigue la materia ordinaria, pero hace muy poco más para permitirnos detectarla. Por supuesto, estamos atados de pies y manos en este análisis al no saber, en primer lugar, qué es la materia oscura. Si toda la masa tiene gravedad, ¿toda la gravedad tiene masa? No lo sabemos. Quizá no haya nada malo con la materia y lo que no entendamos sea la gravedad.

✳

La discrepancia entre la materia oscura y la ordinaria varía significativamente de un ambiente astrofísico a otro, pero se vuelve más pronunciada en entidades grandes, como galaxias y cúmulos de galaxias. En los objetos más pequeños, como las lunas y los planetas, no existe tal discrepancia. La gravedad superficial de la Tierra, por ejemplo, puede explicarse completamente a través de las cosas que tenemos bajo los pies. Si tienes sobrepeso en la Tierra, no culpes a la materia oscura. La materia oscura tampoco tiene influencia sobre la órbita de la Luna alrededor de la Tierra ni sobre los movimientos de los planetas alrededor del Sol; pero, como ya lo hemos visto, sí la necesitamos para explicar los movimientos de las estrellas alrededor del centro de la galaxia.

¿Acaso opera un tipo de física gravitacional diferente en la escala galáctica? Probablemente no. Es más posible que la materia oscura consista en materia cuya naturaleza aún debemos descubrir y que se acumula de forma más difusa de lo que lo hace la materia ordinaria. De lo contrario, detectaríamos la gravedad de trozos de materia oscura concentrada salpicando el universo: cometas de materia oscura, planetas de materia oscura, galaxias de materia oscura. Hasta donde sabemos, las cosas no son así.

Lo que sí sabemos es que la materia del universo que hemos llegado a amar —la materia de las estrellas, los planetas y la vida— es solo una delgada capa de betún en el pastel cósmico, sencillas boyas que flotan en un vasto océano cósmico de algo que parece nada.

✳

Durante el primer medio millón de años después del Big Bang —un mero parpadeo en los 14 000 millones de años de historia cósmica—, la materia en el universo ya había comenzado a unificarse en masas amorfas que se convertirían en cúmulos y supercúmulos de galaxias. Pero el cosmos se duplicaría en tamaño durante el siguiente medio millón de años y continuaría creciendo. En el universo había dos efectos opuestos: la gravedad, que quiere hacer que las cosas se coagulen, y la expansión, que quiere diluirlas. Si haces las cuentas, rápidamente te percatarás de que la gravedad de la materia no podía ganar la batalla sola. Necesitaba la ayuda de la materia oscura, sin la cual estaríamos viviendo —en realidad no viviríamos— en un universo sin estructuras: sin cúmulos, sin galaxias, sin estrellas, sin planetas, sin gente.

¿Cuánta gravedad de la materia oscura necesitaba? Seis veces más de lo que proporcionaba la materia ordinaria. Justo la cantidad que medimos en el universo. Este análisis no nos dice lo que es la materia oscura, solo nos dice que los efectos de la materia oscura son reales y que, por más que lo intentes, no le puedes dar el crédito de ello a la materia ordinaria.

✳

Así que la materia oscura es nuestra amienemiga. No tenemos ni idea de lo que es. Es algo molesta. Pero la necesitamos desesperadamente en nuestros cálculos para alcanzar una descripción precisa del universo. Los científicos generalmente nos sentimos incómodos cuando tenemos que basar nuestros cálculos en conceptos que no entendemos, pero lo hacemos si es necesario. Y la materia oscura no es nuestra primera vez enfrentando a un toro. En el siglo XIX, por ejemplo, los científicos midieron la energía que emite nuestro Sol y mostraron su efecto sobre nuestras estaciones y clima, mucho antes de que nadie supiera que la fusión termonuclear es la responsable de esa energía. En esos tiempos, las mejores ideas incluían la retrospectivamente ridícula idea de que el Sol era un trozo de carbón encendido. También en el siglo XIX observamos las estrellas, obtuvimos sus espectros y las clasificamos mucho antes de que se introdujera la física cuántica del siglo XX, que nos da nuestro entendimiento de cómo y por qué se ven así estos espectros.

Los escépticos sin remedio podrían comparar la materia oscura actual con el hipotético y hoy difunto éter propuesto en el siglo XIX como el medio ingrávido y transparente que se extiende en el vacío del espacio y a través del cual viajaba la luz. Hasta que un famoso experimento en 1887 —realizado por Albert Michelson y Edward Morley, en la Universidad Case Western Reserve, en Cleveland— mostró lo contrario, los científicos afirmaban que el éter debía de existir, aunque ni siquiera había una pizca de evidencia que apoyara esta suposición. Igual que una onda, se creía que la luz necesitaba un medio a través del cual propagar su energía, de la misma forma en que el sonido necesita el aire o alguna otra sustancia para transmitir sus ondas. Pero resulta que la luz es muy feliz viajando por el vacío del espacio, carente de cualquier medio para llevarla. A diferencia de las ondas sonoras, que consisten en vibraciones de aire, se descubrió que las ondas son paquetes de energía que se autopropagan sin necesidad de ningún tipo de ayuda.

La ignorancia sobre la materia oscura difiere sustancialmente de la ignorancia sobre el éter. El éter fue un marcador de posición de nuestro conocimiento incompleto, mientras que la existencia de la materia oscura proviene no de una mera presunción sino de los efectos de su gravedad observados sobre la materia visible. No estamos inventándonos la materia oscura; en cambio, dedujimos su existencia a partir de hechos observables. La materia oscura es tan real como lo son los muchos exoplanetas en órbita alrededor de otras estrellas además del Sol, descubiertos únicamente a través de su influencia gravitacional sobre sus estrellas anfitrionas y no por la medición directa de su luz.

Lo peor que podría pasar es que descubriéramos que la materia oscura no consiste en materia en absoluto, sino en otra cosa. ¿Podríamos estar presenciando los efectos de fuerzas de otra dimensión? ¿Estamos sintiendo la gravedad ordinaria de la materia ordinaria que atraviesa la membrana de un universo fantasma contiguo al nuestro? De ser así, este podría ser solo uno de una infinita diversidad de universos que integran el multiverso. Suena exótico e increíble, pero ¿es más descabellado que los primeros planteamientos de que la Tierra orbitaba al Sol?, ¿que el Sol es una de las 100 000 millones de estrellas de la Vía Láctea?, ¿o que la Vía Láctea es solo una de las 100 000 millones galaxias del universo?

Incluso si alguno de estos fantásticos relatos fuera cierto, ninguno cambiaría el exitoso uso de la gravedad de la materia oscura en las ecuaciones que empleamos para entender la formación y la evolución del universo.

Otros escépticos incansables podrían decir "ver para creer", una actitud ante la vida que funciona en muchos proyectos, incluyendo la ingeniería mecánica, la pesca y quizás incluso en citas románticas. Aparentemente también funciona en los lugares de Estados Unidos donde no se enseña la evolución. Pero no contribuye a crear buena ciencia. La ciencia no solo se trata de ver, se trata de medir, de preferencia con algo que no sean nuestros propios ojos, que están inextricablemente ligados al bagaje de nuestro cerebro. Con frecuencia ese bagaje es una mochila con ideas preconcebidas, nociones posconcebidas y prejuicios puros y duros.

✳

Habiéndose resistido a los intentos de ser detectada directamente en la Tierra durante tres cuartos de siglo, la materia oscura sigue en el terreno de juego. Los físicos de partículas están convencidos de que la materia oscura consiste en un tipo de partículas fantasmales todavía sin descubrir que interactúan con la materia a través de la gravedad, pero que de otra forma interactúan con la materia o con la luz ligera o débilmente o que no lo hacen en lo absoluto. Si te gusta apostarle a la física, esta es una buena apuesta. El acelerador de partículas más grande del mundo está tratando de fabricar partículas de materia oscura en medio de los desechos de colisiones de partículas. Algunos laboratorios especialmente diseñados, ubicados a gran profundidad, intentan detectar partículas de materia oscura de forma pasiva, en caso de que llegaran desde el espacio. Una ubicación subterránea protege de forma natural las instalaciones de posibles partículas cósmicas conocidas que pudieran actuar como impostoras de materia oscura y que activaran los detectores.

Aunque esto podría parecer mucho ruido y pocas nueces, la idea de una materia oscura esquiva tiene precedentes. Los neutrinos, por ejemplo, se predijeron y fueron finalmente descubiertos, a pesar de que interactúan de forma extremadamente débil con la

materia ordinaria. El abundante flujo de neutrinos
desde el Sol —dos neutrinos por cada núcleo de helio
se fusionaron a partir del hidrógeno en el núcleo termonuclear del Sol— sale del Sol, imperturbado por
el Sol mismo, y viaja a través del vacío del espacio
casi a la velocidad de la luz; luego pasa por la Tierra
como si esta no existiera. El recuento: de noche y de
día, 100 000 millones de neutrinos del Sol pasan por
cada centímetro cuadrado de tu cuerpo, cada segundo, sin dejar rastro de su interacción con los átomos
de tu cuerpo. A pesar de ser esquivos, los neutrinos
pueden ser detenidos en circunstancias especiales. Y
si se puede detener a una partícula, la has detectado.

Las partículas de materia oscura pueden mos-
trarse a través de interacciones igualmente raras
o, todavía más sorprendente, podrían manifestar-
se a través de fuerzas distintas a la fuerza nuclear
fuerte, la fuerza nuclear débil y el electromagnetis-
mo. Estas tres fuerzas más la gravedad integran las
cuatro fuerzas fantásticas del universo que actúan
como mediadoras de todas las interacciones, entre
todas las partículas conocidas. Así que las opciones
son claras. O bien las partículas de materia oscura deben esperar a que descubramos y controlemos
una nueva fuerza o clase de fuerzas a través de las
que interactúan, o las partículas de materia oscura

interactúan a través de fuerzas normales, pero con asombrosa debilidad.

Así que los efectos de la materia oscura son reales. Simplemente no sabemos qué es. La materia oscura parece no interactuar a través de la fuerza nuclear fuerte, por lo que no puede hacer núcleos. No se ha descubierto si interactúa a través de la fuerza nuclear débil, algo que incluso los esquivos neutrinos hacen. No parece interactuar con la fuerza electromagnética, por lo que no hace moléculas y se concentra en densas bolas de materia oscura. Tampoco absorbe, emite, refleja o dispersa la luz. Como hemos sabido desde el principio, la materia oscura, efectivamente, sí ejerce gravedad, y la materia ordinaria responde a ella. Pero eso es todo lo que sabemos. Después de todos estos años, no hemos descubierto si hace algo más.

Por ahora debemos conformarnos con llevar a la materia oscura con nosotros, como a una extraña e invisible amiga, empleándola donde y cuando el universo nos los pida.

6.
ENERGÍA OSCURA

Como si no tuvieras suficientes cosas de qué preocuparte, en décadas recientes se descubrió que el universo ejerce una misteriosa presión que sale del vacío del espacio y que actúa contra la gravedad cósmica. Y no es solo eso, esta *gravedad negativa* al final ganará en el estira y afloja, conforme obliga la expansión cósmica para acelerarnos exponencialmente hacia el futuro.

La mayoría de las ideas alucinantes de la física del siglo XX se pueden adjudicar a Einstein. Albert Einstein apenas pisó un laboratorio; no probó fenómenos ni utilizó equipos complicados. Él era un teórico que perfeccionó el *experimento mental*, en el que interactúas con la naturaleza a través de tu imaginación, inventando una situación o un modelo y llegando a las consecuencias de algún principio físico. Antes de la Segunda Guerra Mundial, para la mayoría de los científicos arios en Alemania, la física de laboratorio superaba por mucho la física teórica. Como humildes teóricos, los físicos judíos fueron todos relegados a la mesa de los niños. Pero no sabían lo que pasaría en esa mesa.

Como fue el caso de Einstein, si un modelo de un físico pretende representar al universo entero, entonces manipular el modelo debe equivaler a manipular el universo mismo. Los observadores y los experimentadores pueden salir a buscar los fenómenos predichos por ese modelo. Si el modelo es imperfecto o si los teóricos cometen un error en sus cálculos, los observadores descubrirán una discrepancia entre las predicciones del modelo y la manera en que las cosas ocurren en el universo real. Esa es la primera señal para que un teórico vuelva a empezar de cero, ya sea ajustando el viejo modelo o creando uno nuevo.

Uno de los modelos teóricos más poderosos y de mayor alcance jamás concebido, ya presentado en estas páginas, es la teoría general de la relatividad de Einstein, pero podrás llamarla TGR cuando la entiendas mejor. La TGR fue publicada en 1916 y resume los datos matemáticos relevantes sobre cómo se mueve todo en el universo bajo la influencia de la gravedad. Cada cierto tiempo, los científicos de laboratorio diseñan experimentos y amplían los límites de la precisión de la teoría. Un moderno ejemplo de este impresionante conocimiento de la naturaleza que Einstein nos ha regalado viene de 2016, cuando se descubrieron ondas gravitacionales en un observatorio especialmente diseñado que se sintonizó únicamente con este propósito.[1] Estas ondas, predichas por Einstein, son ondulaciones que se mueven a la velocidad de la luz, a través del tejido del espacio-tiempo, y son generadas por severas perturbaciones gravitacionales, como la colisión de dos agujeros negros.

Eso es exactamente lo que se observó. Las ondas gravitacionales de la primera detección fueron generadas por una colisión de agujeros negros en una galaxia a 1 300 millones de años luz de distancia, cuando la Tierra estaba repleta de sencillos organismos unicelulares. Mientras la ondulación se movía en todas direcciones por el espacio, 800 millones de años después, la Tierra desarrollaría vida compleja, incluyendo flores, dinosaurios y criaturas voladoras, así como una rama de vertebrados llamados mamíferos. Entre los mamíferos, una subrama desarrollaría lóbulos frontales y pensamiento complejo. Los llamamos primates. Una sola rama de estos prima-

---

[1] El Observatorio de Ondas Gravitatorias por Infometría Láser (LIGO, por sus siglas en inglés), con sedes en Hanford, Washington, y Livingston, Louisiana,

tes desarrollaría una mutación genética que les permitiría hablar, y esa rama, el *Homo sapiens*, inventaría la agricultura, la civilización, la filosofía, el arte y la ciencia. Todo ello ocurrió en los últimos 10 000 años. Finalmente, uno de sus científicos del siglo XX inventaría la relatividad y predeciría la existencia de ondas gravitacionales. Un siglo más tarde, la tecnología capaz de ver estas ondas al fin existiría, pocos días antes de que esa onda de gravedad, que había estado viajando por 1 300 millones de años, llegara a la Tierra y fuera detectada.

Sí, Einstein era un tipo rudo.

∗

Cuando se proponen por primera vez, la mayoría de los modelos científicos están desarrollados a medias y tienen márgenes para ajustar parámetros de modo que encajen mejor en el universo conocido. En el universo *heliocéntrico*, o basado en el Sol, concebido por el matemático del siglo XVI Nicolás Copérnico, los planetas orbitaban en círculos perfectos. La parte sobre orbitar el Sol era correcta, además de un avance importante en el universo basado en la Tierra, o *geocéntrico*; pero la parte del círculo perfecto resultó estar un poco equivocada, pues todos los planetas orbitan el Sol en círculos aplanados llamados elipses, e incluso esa forma es solo una aproximación de una trayectoria más compleja. La idea básica de Copérnico era correcta, y eso es lo más importante. Simplemente necesitaba unos cuantos pequeños ajustes para hacerla más exacta.

Sin embargo, en el caso de la relatividad de Einstein, los principios fundamentales de toda la teoría requieren que las cosas ocurran exactamente como se predice. Einstein, en efecto, había construido lo que por fuera parece un castillo de arena, con solo dos o tres simples postulados para sostener toda la estructura. De hecho, al enterarse de un libro de 1931 titulado *One Hundred Authors Against Einstein* [Cien autores contra Einstein],[2] respondió que si él estaba equivocado, hubiera bastado con uno solo de ellos.

Ahí se sembraron las semillas de una de las metidas de pata más fascinantes de la historia de la ciencia. Las nuevas ecuaciones de gravedad de Einstein incluían un término al que él llamó *constante cosmológica*, que representaba con la letra griega lambda, Λ, en mayúscula. Al ser un término matemáticamen-

_____

[2]   R. Israel, E. Ruckhaber, R. Weinmann y otros, *Hundert Autoren gegen Einstein*, Leipzig, R. Voigtlanders Verlag, 1931.

te permitido, pero opcional, la constante cosmológica le permitió representar un universo estático.

En aquel entonces, la idea de que nuestro universo estuviera haciendo cualquier cosa además de simplemente existir no se le ocurría a nadie. Así que la única función de lambda era oponerse a la gravedad en el modelo de Einstein, manteniendo el universo en balance y resistiendo la tendencia natural de la gravedad a arrastrar al universo y convertirlo en una gigantesca masa. Así, Einstein inventó un universo que ni se expande ni se contrae, coherente con las expectativas de todos.

Más tarde, el físico ruso Alexander Friedmann mostraría que, matemáticamente, el universo de Einstein, aunque balanceado, se encontraba en un estado inestable. Como una pelota sobre la cima de una colina, esperando la menor provocación para rodar en una dirección o en otra, o como un lápiz balanceándose sobre su afilada punta, el universo de Einstein estaba posado precariamente entre un estado de expansión y de colapso total. Además, la teoría de Einstein era nueva, y solo por darle un nombre a algo, esto no se vuelve real: Einstein sabía que lambda, al ser una fuerza de gravedad negativa de la naturaleza, no tenía una contraparte conocida en el universo físico.

✳

La teoría general de la relatividad de Einstein se apartaba radicalmente de todas las ideas anteriores sobre la atracción gravitacional. En vez de conformarse con la visión de la gravedad de sir Isaac Newton como una fantasmagórica acción a distancia (conclusión que ponía incómodo al mismo Newton), la TGR considera la gravedad como la respuesta de una masa a la curvatura local del espacio y el tiempo causada por alguna otra masa o campo de energía. En otras palabras, las concentraciones de masa provocan distorsiones, hoyuelos en realidad, en el tejido del espacio y el tiempo. Estas distorsiones guían a las masas en movimiento en trayectorias geodésicas,[3] aunque para nosotros parecen las trayectorias curvas que llamamos órbitas. El físico teórico estadounidense del siglo XX John Archibald Wheeler lo expresó de mejor forma, resumiendo el concepto de Einstein como: "La materia le dice al espacio cómo curvarse; el espacio la dice a la materia cómo moverse".[4]

---

[3] *Geodésica* es una palabra innecesariamente sofisticada para describir la distancia más corta entre dos puntos a lo largo de una superficie curva, extendida, en este caso, para ser la distancia más corta entre dos puntos en el tejido curvo y cuatridimensional del espacio-tiempo.

[4] En el posgrado tomé el curso de John Wheeler de relatividad general (donde conocí a mi esposa) y él decía esto con frecuencia.

A fin de cuentas, la relatividad general describía dos tipos de gravedad. Una de ellas es del tipo conocido, como la atracción entre la Tierra y una pelota lanzada al aire, o entre el Sol y los planetas. También predijo otra clase de gravedad, una misteriosa presión antigravedad asociada con el vacío del espacio-tiempo mismo. Lambda conservó lo que Einstein y todos los otros físicos de su época firmemente suponían que era verdad: el *statu quo* de un universo estático, un inestable universo estático. Citar una condición inestable como el estado natural de un sistema físico viola el credo científico. No se puede afirmar que todo el universo sea un caso especial que casualmente está balanceado por siempre. En la historia de la ciencia, nada visto, medido o imaginado jamás se ha comportado así, y ese es un precedente contundente.

Trece años después, en 1929, el astrofísico estadounidense Edwin P. Hubble descubrió que el universo no es estático. Había encontrado y reunido pruebas convincentes de que cuanto más distante es una galaxia, más rápidamente retrocede de la Vía Láctea. En otras palabras, el universo se está expandiendo. Ahora, avergonzado a causa de la constante cosmológica, que no correspondía a ninguna fuerza conocida de la naturaleza, y habiendo perdido la oportunidad de predecir él mismo la expansión del universo, Einstein descartó lambda por completo y la llamó la metida de pata más grande de su vida. Al arrancar a lambda de la ecuación, él supuso que su valor sería cero, tal como en este ejemplo: supón que $A = B + C$. Si luego te enteras de que A = 10 y B = 10, entonces A sigue siendo igual a B más C, excepto en el caso de que C sea igual a 0 y se vuelva innecesaria en la ecuación.

Pero ese no fue el fin de la historia. Esporádicamente, a lo largo de las décadas, los teóricos sacarían a lambda de la cripta para imaginar cómo se verían sus ideas en un universo que tuviera una constante cosmológica. Sesenta y nueve años más tarde, en 1998, la ciencia exhumaría a lambda una última vez. A principios de ese año, dos distintos equipos de astrofísicos hicieron extraordinarios comunicados, uno de ellos estaba dirigido por Saul Perlmutter del Laboratorio Nacional Lawrence Berkeley, en Berkeley, California. El segundo equipo era codirigido por Brian Schmidt, de los observatorios Monte Stromlo y Siding Spring, en Canberra, Australia, y por Adam Riess de la Universidad Johns Hopkins, en Baltimore, Maryland. Decenas de las supernovas más lejanas jamás observadas parecían considerablemente más tenues de lo esperado, dado el comportamiento bien documentado de esta especie de estrellas que explotan. La conciliación exigía ya sea que esas lejanas supernovas se comportaran de forma distinta a sus compañeras más cercanas o que estuvieran hasta 15% más lejos de lo que los modelos cosmológicos imperantes las habían ubicado. La única cosa conocida que explica de forma natural esta aceleración es la lambda de Einstein, la constante cosmológica. Cuando los astrofísicos la desempolvaron y la regresaron a las ecuaciones originales de Einstein de la relatividad general, el estado conocido del universo coincidía con el estado de las ecuaciones de Einstein.

✳

Las supernovas utilizadas en los estudios de Perlmutter y Schmidt valen su peso en núcleos fusionables. Dentro de ciertos límites, cada una de esas estrellas explota de la misma forma, encendiendo la misma cantidad de combustible, liberando la misma titánica cantidad de energía en el mismo tiempo, alcanzando así la misma luminosidad máxima. Por lo tanto, sirven como referencia, o *candela estándar*, para calcular las distancias cósmicas a las galaxias en las que explotan, en los confines más lejanos del universo.

Las candelas estándar simplifican inmensamente los cálculos: debido a que todas las supernovas tienen la misma potencia, las tenues están muy lejos y las brillantes están cerca. Después de medir su brillo (una tarea sencilla), puedes saber exactamente cuán lejos están unas de otras y de ti. Si las luminosidades de las supernovas fueran todas distintas, no podrías usar el brillo por sí solo para saber a qué distancia está una en comparación de otra. Una tenue podría ser un foco de alto voltaje lejano o bien un foco de bajo voltaje cercano.

Todo bien. Pero hay una segunda manera de medir la distancia a las galaxias: su velocidad de recesión de nuestra Vía Láctea, recesión que es parte integral de la expansión cósmica total. Hubble fue el primero en indicar que el universo en expansión hace que los objetos distantes se alejen más rápido de nosotros que los cercanos. Así que al medir la velocidad de recesión de una galaxia (otra sencilla tarea), se puede deducir la distancia de una galaxia.

Si estos dos métodos probados proporcionan distancias diferentes para el mismo objeto, algo debe andar mal. O las supernovas son malas candelas estándar o bien nuestro modelo para la tasa de expansión cósmica medida a través de las velocidades de las galaxias es incorrecto.

Pues sí, algo andaba mal. Resulta que las supernovas eran estupendas candelas estándar que sobrevivieron al cuidadoso escrutinio de muchos escépticos investigadores, así que los astrofísicos se quedaron con un universo que se había expandido más rápido de lo que pensábamos, ubicando las galaxias más lejos de lo que hubiera indicado su velocidad de recesión. Además, no había una manera fácil de explicar la expansión extra sin aplicar lambda, la constante cosmológica de Einstein.

Esta era la primera evidencia directa de que una fuerza repulsiva penetraba el universo, oponiéndose a la gravedad, razón por la que la constante cosmología resucitó de entre los muertos. De pronto lambda adquirió una realidad física que necesitaba un nombre, y así la *energía oscura* se volvió protagonista del drama cósmico, captando tanto el misterio de su causa como nuestra ignorancia sobre esta. Perlmutter, Schmidt y Reiss justificadamente compartieron el Premio Nobel de física de 2011 por este descubrimiento.

Las mediciones más exactas hasta ahora revelan que la energía oscura es lo más importante del mundo, al ser en este momento responsable de 68% de toda la masa-energía en el universo; la materia oscura comprende 27%, y la materia normal comprende apenas 5 por ciento.

*

La forma de nuestro universo cuatridimensional viene de la relación entre la cantidad de materia y energía que vive en el cosmos y la velocidad a la que el cosmos se expande. Una medida matemática práctica de esto es omega: Ω, otra letra griega mayúscula con un buen dominio del cosmos.

Si divides la densidad de la materia-energía del universo entre la densidad de la materia-energía requerida para apenas detener la expansión (conocida como la *densidad crítica*), obtienes omega.

Dado que tanto la masa como la energía hacen que el espacio-tiempo se deforme o curve, omega nos dice la forma del cosmos. Si omega es menor a uno, la energía-masa real cae por debajo del valor crítico, y el universo se expande por siempre en todas las direcciones, todo el tiempo, adoptando la forma de una silla de montar, en la que las líneas inicialmente paralelas divergen. Si omega es igual a uno, el universo se expande por siempre, pero apenas lo hace. En ese caso, la forma es plana y conserva todas las reglas geométricas que aprendimos en la secundaria sobre las líneas paralelas. Si omega es superior a uno, las líneas paralelas convergen, y el universo se curva sobre sí mismo, volviendo finalmente a colapsarse en la bola de fuego de donde vino.

Desde que Hubble descubrió el universo en expansión no ha habido ningún equipo de observadores que haya medido a omega siquiera cerca de uno de forma confiable. Sumando toda la masa y energía que sus telescopios podían ver, e incluso extrapolando más allá de estos límites, incluyendo la materia oscura, los valores más altos de las mejores observaciones alcanzaron un máximo de alrededor de $\Omega = 0.3$. En lo que a los observadores respecta, el universo seguiría trabajando incansablemente hacia el futuro.

Mientras tanto, a partir de 1979, el físico estadounidense Alan H. Guth del Instituto de Tecnología de Massachusetts y otros más presentaron un ajuste a la teoría del Big Bang que aclaró algunos molestos problemas que impedían obtener un universo lleno de materia y energía como se sabe que es el nuestro. Un subproducto fundamental de esta actualización al Big Bang fue que lleva a omega hacia uno. No hacia una mitad. No hacia dos. No hacia un millón. Hacia uno.

Difícilmente existe un teórico en el mundo que haya tenido un problema con este requisito, pues ayudó a que el Big Bang explicara las propiedades globales del universo conocido. Sin embargo, había otro pequeño problema: la actualización predijo tres veces más masa-energía de lo que los observadores pudieron encontrar. Sin inmutarse, los teóricos dijeron que los observadores no estaban buscando bien.

Al final de los cálculos, la materia visible por sí sola podía justificar no más de 5% de la densidad crítica. Pero ¿qué hay de la misteriosa materia oscura? También la añadieron. Nadie sabía lo que era, y aún no lo sabemos, pero sin duda contribuyó al resultado final. A partir de ahí, obtenemos cinco o seis veces más materia oscura que visible. Pero eso es todavía muy poco. Los observadores estaban desconcertados, y los teóricos respondieron: "Sigan buscando".

Ambos grupos estaban seguros de que el otro estaba equivocado, hasta que se descubrió la energía oscura. Ese sencillo componente, al añadirse a la materia ordinaria y a la energía ordinaria y a la materia oscura, aumentó la densidad de masa-energía del universo a un nivel crítico. Esto satisfizo simultáneamente tanto a los observadores como a los teóricos.

Por primera vez, los teóricos y los observadores hicieron las paces. Ambos, a su propia manera, estaban en lo correcto. Omega sí es igual a uno, tal como los teóricos exigían del universo, a pesar de que no se puede llegar a ello sumando toda la materia, oscura o no, tal como ingenuamente habían supuesto. No hay más materia dando vueltas por el cosmos actualmente que la que antes habían estimado los observadores.

Nadie había previsto la dominante presencia de la energía cósmica oscura ni nadie había imaginado que fuera una gran reconciliadora de diferencias.

*

Entonces, ¿qué es? Nadie lo sabe. Lo más cerca que alguien ha estado de saberlo es suponer que la energía oscura es un efecto cuántico en el que el vacío del espacio, en vez de estar vacío, en realidad hierve de partículas y sus contrapartes antimateria. Aparecen y desaparecen en parejas, y no duran lo suficiente para medirlas. Su nombre, *partículas virtuales*, capta su existencia pasajera. El extraordinario legado de la física cuántica, la ciencia de lo pequeño, exige que pongamos especial atención a esta idea. Cada par de partículas virtuales ejerce un poco de presión hacia afuera mientras brevemente se abre paso a codazos en el espacio.

Desafortunadamente, cuando calculas la cantidad repulsiva de *presión del vacío* que surge de la corta vida de las partículas virtuales, el resultado es más de 10^{120} mayor que el valor de la constante cosmológica calculada experimentalmente. Se trata de un factor estúpidamente grande, que produce la mayor discrepancia en la historia de la ciencia entre la teoría y la observación.

Es verdad, no tenemos ni idea. Pero no estamos completamente perdidos. La energía oscura no está a la deriva, sin ninguna teoría que la ancle. La energía oscura habita uno de los puertos más seguros que podríamos imaginar: las ecuaciones de la relatividad general de Einstein. Es la constante cosmológica. Es lambda. Sin importar lo que la energía oscura resulte ser, ya sabemos cómo medirla y cómo calcular sus efectos sobre el pasado, el presente y el futuro del cosmos.

Sin duda, la mayor metida de pata de Einstein fue haber declarado que lambda había sido su mayor metida de pata.

✳

Y la búsqueda continúa. Ahora que sabemos que la energía oscura es real, varios equipos de astrofísicos han iniciado ambiciosos programas para medir distancias y el crecimiento de la estructura en el universo utilizando telescopios terrestres y espaciales. Estas observaciones pondrán a prueba la detallada influencia de la energía oscura en la historia de la

103

expansión del universo, y seguramente mantendrán ocupados a los teóricos. Deben redimirse urgentemente por lo vergonzoso que resultó ser su cálculo de la energía oscura.

¿Necesitamos una alternativa para la TGR? ¿Necesita una reestructuración el matrimonio de la TGR y la mecánica cuántica? ¿O existe alguna teoría de la energía oscura que será descubierta por una persona inteligente que aún no nace?

Una característica extraordinaria de lambda y del universo en aceleración es que la fuerza repulsiva surge de dentro del vacío y no de algo material. Conforme el vacío crece, la densidad de la materia y la energía (conocida) dentro del universo disminuye, y la influencia relativa de lambda en el estado cósmico de las cosas se vuelve la mayor. Con una presión repulsiva mayor viene más vacío, y con más vacío viene una mayor presión repulsiva, produciendo una aceleración interminable y exponencial de la expansión cósmica.

Como consecuencia, cualquier cosa que no esté gravitacionalmente ligada al vecindario de nuestra galaxia, la Vía Láctea, retrocederá a una velocidad cada vez mayor, como parte de la expansión acelerada del tejido espacio-tiempo. Las galaxias distantes que ahora son visibles en el cielo nocturno, con el tiempo desaparecerán más allá de un horizonte inalcanzable, alejándose de nosotros más rápido que la velocidad de la luz. Una hazaña posible, no porque estén moviéndose en el espacio a esas velocidades, sino porque la estructura del universo mismo las lleva a tales velocidades. No hay ninguna ley de la física que impida esto.

En alrededor de un billón de años, cualquier persona viva en nuestra galaxia podría no saber nada sobre otras galaxias. Nuestro universo observable apenas comprenderá un sistema de estrellas cercanas y longevas dentro de la Vía Láctea. Y más allá de una noche estrellada habrá un interminable vacío, oscuridad frente al abismo.

En última instancia, la energía oscura, una propiedad fundamental del cosmos, pondrá en peligro la capacidad de futuras generaciones de entender el universo que les tocó en el juego de cartas. A menos que los astrofísicos contemporáneos de la galaxia mantengan registros extraordinarios y entierren una impresionante cápsula del tiempo de un billón de años, los científicos posapocalípticos no sabrán nada sobre las galaxias —la principal forma de organización de la materia en nuestro cosmos—, y por ende se les negará el acceso a las páginas clave del drama cósmico de nuestro universo.

He aquí mi pesadilla recurrente: ¿Acaso a nosotros también nos hacen falta algunas piezas básicas del universo que alguna vez fuimos?, ¿qué parte del libro de historia cósmica ha sido marcada con "acceso denegado"?, ¿qué sigue faltando en nuestras teorías y ecuaciones que debería estar ahí y que nos tiene buscando respuestas a tientas que tal vez nunca encontremos?

7.
EL COSMOS SOBRE LA MESA

Para responder preguntas triviales a veces se requieren conocimientos profundos y extensos del cosmos. En clase de química, en la secundaria, le pregunté a mi maestro de dónde vienen los elementos de la tabla periódica. Él respondió: de la corteza terrestre. Le concederé eso. Seguramente de ahí los obtienen los laboratorios. Pero ¿cómo los obtuvo la corteza de la Tierra? La respuesta debe ser astronómica. Pero ¿en realidad es necesario conocer el origen y la evolución del universo para responder esta pregunta?

Sí, es necesario.

Únicamente tres de los elementos presentes en la naturaleza fueron producidos durante el Big Bang. El resto fue forjado en los corazones de estrellas moribundas a altas temperaturas y en sus explosivos restos, lo que permitió a las siguientes generaciones de sistemas estelares integrar esta riqueza y formar planetas y, en nuestro caso, gente.

Para muchos, la tabla periódica de los elementos es una rareza olvidada: un diagrama con casillas llenas de misteriosas y crípticas letras que vieron por última vez durante clase de química en la pared de la escuela secundaria. Al tratarse del principio organizador del comportamiento químico de todos los elementos conocidos y por conocer del universo, la tabla debería ser un icono cultural, un testimonio de la iniciativa de la ciencia como una aventura humana internacional llevada a cabo en laboratorios, aceleradores de partículas y en la frontera del cosmos mismo.

Sin embargo, de vez en cuando, incluso un científico no puede evitar pensar en la tabla periódica como en un zoológico de singulares animales concebidos por el Dr. Seuss. ¿De qué otra forma podríamos creer que el sodio es un metal venenoso y reactivo que puede cortarse con un cuchillo de mantequilla y que el cloro puro es un maloliente gas mortal, pero que mezclados producen cloruro de sodio, un inofensivo compuesto biológicamente esencial, mejor conocido como sal de mesa? ¿O qué tal el hidrógeno y el oxígeno? Uno es un gas explosivo y el otro favorece la combustión violenta, pero los dos combinados producen agua líquida que apaga incendios.

En estas conversaciones sobre química encontramos elementos significativos para el cosmos que me permitirán presentar la tabla periódica vista a través de la lente de un astrofísico.

*

Con solo un protón en su núcleo, el hidrógeno es el elemento más ligero y más simple, y se produjo en su totalidad durante el Big Bang. De los 94 elementos que existen en la naturaleza, el hidrógeno reclama más de dos tercios de todos los átomos del cuerpo humano y más de 90% de todos los átomos del cosmos, a todas las escalas, incluso del sistema solar. El hidrógeno del núcleo del masivo planeta Júpiter está sometido a tanta presión que se comporta más como un metal conductor que como un gas, creando así el campo magnético más fuerte entre los planetas.

El químico inglés Henry Cavendish descubrió el hidrógeno en 1766, durante sus experimentos con H_2O (*Hidrogenes* en griego significa 'que produce agua'), pero Cavendish es mejor conocido entre los astrofísicos como el primero en calcular la masa de la Tierra después de haber obtenido un valor exacto para la constante gravitacional de la famosa ecuación de la gravedad de Newton.

109

Cada segundo de cada día, 4 500 millones de toneladas de núcleos de hidrógeno que se mueven a altas velocidades se convierten en energía al chocar unos contra otros para producir helio dentro del núcleo del Sol, a 15 millones de grados de temperatura.

✳

El helio es conocido por muchos como un gas de baja densidad que, al ser inhalado, aumenta temporalmente la frecuencia vibratoria de la tráquea y la laringe, haciéndote sonar como Mickey Mouse. El helio es el segundo elemento más simple y el segundo más abundante del universo. Aunque está en un segundo lugar muy lejano en abundancia con respecto al hidrógeno, hay cuatro veces más helio que todos los otros elementos en el universo combinados. Uno de los pilares de la cosmología del Big Bang es la predicción de que, en todas las regiones del cosmos, no menos de 10% de todos los átomos son de helio. Se produjeron en ese porcentaje a lo largo y ancho de la primigenia bola de fuego que dio vida a nuestro universo. Dado que la fusión termonuclear de hidrógeno dentro de las estrellas produce helio, algunas regiones del cosmos podrían fácilmente acumular más de 10% de helio; pero, como se predijo, nunca nadie ha encontrado una región de la galaxia con menos.

Unos treinta años antes de que se descubriera y aislara en la Tierra, los astrónomos detectaron helio en el espectro de la corona del Sol, durante el eclipse total de 1868. Como se señaló antes, el nombre *helio* acertadamente proviene de Helios, el dios griego del Sol. Con 92% de la flotabilidad del hidrógeno en el aire, pero sin sus explosivas características, el helio es el gas preferido para inflar los globos de desfiles como el del Día de Acción de Gracias de la tienda departamental Macy's, el segundo consumidor más grande de este gas después del ejército de EEUU.

✳

El litio es el tercer elemento más simple del universo, con tres protones en su núcleo. Tal como el hidrógeno y el helio, el litio se produjo en el Big Bang, pero a diferencia del helio, que puede producirse en núcleos estelares, el litio es destruido por todas las reacciones nuclear conocidas. Otra predicción de la cosmología del Big Bang es que podemos esperar que no más de 1% de los átomos de cualquier región del universo sea de litio. Nadie aún ha encontrado una galaxia con más litio que este límite superior aportado por el Big Bang. La combinación del límite superior del helio y el límite inferior del litio proporciona una convincente doble limitación en las pruebas de cosmología del Big Bang.

✳

El carbono es un elemento que se encuentra en más tipos de moléculas que la suma de todos los otros tipos de moléculas combinadas. Dada la abundancia de carbono en el cosmos —forjado en los núcleos de las estrellas, agitado vigorosamente hasta llegar a sus superficies y liberado en grandes cantidades a la galaxia—, no existe un mejor elemento sobre el cual basar la química y la diversidad de la vida. Apenas desplazando al carbono en nivel de abundancia, se encuentra el oxígeno, también común, también forjado y liberado en los restos de estrellas que explotaron. Tanto el oxígeno como el carbono son ingredientes fundamentales de la vida tal como la conocemos.

Pero ¿qué hay de la vida que no conocemos? ¿Qué hay de la vida basada en el elemento silicio? El silicio se encuentra justo debajo del carbono en la tabla periódica, lo que significa, en principio, que es capaz de crear la misma gama de moléculas que el carbono. En última instancia, esperamos que el carbono gane porque es diez veces más abundante que el silicio en el cosmos. Pero eso no detiene a los escritores de ciencia ficción, que mantienen alerta a los exobiólogos, preguntándose cómo serían las primeras formas de vida extraterrestres basadas en silicio.

Además de ser ingrediente activo en la sal de mesa, de momento el sodio es el gas brillante más común en las lámparas del alumbrado público de EEUU. Son más brillantes y más duraderas que las bombillas incandescentes, aunque quizá pronto sean reemplazadas por los LED, que son todavía más brillantes a determinada potencia, y más económicos. Hay dos variedades de lámparas de sodio comunes: las lámparas de alta presión, que producen luz amarilla-blanca, y las menos abundantes lámparas de baja presión, que dan luz naranja. Resulta que a pesar de que toda la contaminación lumínica es mala para la astrofísica, las lámparas de sodio de baja presión son menos malas porque su contaminación puede restarse fácilmente de los datos del telescopio. En un ejemplo de cooperación, toda la ciudad de Tucson, Arizona, el municipio grande más cercano al Observatorio Nacional de Kitt Peak, ha acordado con los astrofísicos locales cambiar todo su alumbrado público por lámparas de sodio de baja presión.

*

El aluminio ocupa casi 10% de la corteza de la Tierra y, sin embargo, era algo desconocido en la antigüedad y poco familiar para nuestros bisabuelos. El elemento no fue aislado e identificado sino hasta 1827 y apenas tuvo uso doméstico a finales de la década de 1960, cuando las latas y el papel de estaño cedieron el paso a las latas de aluminio y, por supuesto, al papel de aluminio. (Apuesto que la mayoría de la gente mayor que conoces todavía lo llama papel de estaño). El aluminio pulido es un reflector de luz visible casi perfecto y es el recubrimiento preferido de casi todos los espejos de los telescopios actuales.

El titanio es 1.7 veces más denso que el aluminio, pero es más del doble de fuerte. Así es como el titanio —el noveno elemento más abundante en la corteza de la Tierra— se ha convertido en el material consentido para muchos usos, tales como componentes de aviones militares y prótesis que requieren un metal ligero y fuerte.

En la mayoría de los lugares cósmicos, el número de átomos de oxígeno excede a los de carbono. Después de que cada átomo de carbono se engancha a los átomos de oxígeno disponibles (formando monóxido de carbón o bióxido de carbón), el oxígeno restante se une a otras cosas, como el titanio. Los espectros de las estrellas rojas están llenos de características atribuibles al óxido de titanio, que no es ajeno a las estrellas de la Tierra: los zafiros estrella y los rubíes deben sus radiantes asterismos a las impurezas de óxido de titanio en sus redes cristalinas. Además, la pintura blanca usada en los domos de los telescopios contiene óxido de titanio, que es altamente reflectante en la parte infrarroja del espectro y que reduce en gran medida el calor de la luz solar acumulada en el aire que rodea al telescopio. Al anochecer, con el domo abierto, la temperatura del aire cercano al telescopio rápidamente alcanza la temperatura del aire nocturno, permitiendo que la luz de las estrellas y de otros objetos cósmicos sea nítida y clara. Este elemento no fue llamado así por un objeto cósmico, la palabra *titanio* proviene de los titanes de mitología griega; Titán es la luna más grande de Saturno.

*

En muchos sentidos, el hierro se ubica como el elemento más importante del universo. Gigantescas estrellas producen elementos en sus núcleos, en secuencia, del helio al carbono, al oxígeno, al nitrógeno y así sucesivamente, recorriendo toda la tabla periódica hasta llegar al hierro. Con 26 protones y al menos igual número de neutrones en su núcleo, la extraña diferencia del hierro es que tiene la menor cantidad de energía total por partícula nuclear de cualquier elemento. Esto significa algo bastante simple: si divides átomos de hierro por fisión, absorberán energía. Y si combinas átomos de hierro mediante fusión, también absorberán energía. Las estrellas, sin embargo, se dedican a producir energía. Cuando las estrellas de gran masa producen y acumulan hierro en sus núcleos se están acercando a su fin. Sin una fuente de energía fértil, la estrella se colapsa a causa de su propio peso y al instante se recupera en una estupenda explosión de supernova, que brilla más que 1 000 millones de soles durante más de una semana.

$$*$$

El galio es un metal blando que tiene un punto de fusión tan bajo que, al igual que la manteca de cacao, se licua al tocarlo con lo mano. Además de esta curiosidad, el galio no interesa a los astrofísicos, excepto por ser uno de los ingredientes del cloruro de galio usado en los experimentos para detectar esquivos neutrinos del Sol. Un enorme tanque subterráneo (de 100 toneladas) de cloruro de galio líquido se monitorea para detectar colisiones entre neutrinos y núcleos de galio, que lo convierten en germanio. El encuentro emite una chispa de luz de rayos X que se mide cada vez que un núcleo es golpeado. El antiguo problema de los neutrinos solares, en el que se detectaron menos neutrinos de los que se predijeron a través de la teoría solar, se resolvió usando "telescopios" como este.

✳

Todas las formas del elemento tecnecio son radioactivas. Por ello no es de sorprender que no se lo encuentre en ninguna parte de la Tierra, excepto en los aceleradores de partículas, donde lo producimos por encargo. El tecnecio lleva este distintivo en su nombre, que proviene del griego *technetos*, que significa 'artificial'. Por razones que aún no comprendemos del todo, el tecnecio vive en las atmósferas de un selecto subgrupo de estrellas rojas. Por sí solo esto no sería motivo de alarma, excepto que el tecnecio tiene una vida media de dos millones de años, la cual es más, mucho más, corta que la edad y la esperanza de vida de las estrellas en las que se encuentra. En otras palabras, la estrella no puede haber nacido con este material, porque, de ser así, a estas alturas no quedaría ninguna de ellas. Tampoco existe un mecanismo conocido para crear tecnecio en el

117

núcleo de una estrella y para hacer que llegue hasta la superficie donde se observa, lo que ha generado excéntricas teorías que aún no alcanzan consenso entre la comunidad astrofísica.

*

Junto con el osmio y el platino, el iridio es uno de los tres elementos más pesados (más densos) de la tabla periódica: 0.056 metros cúbicos de él pesan lo mismo que un auto Buick, lo que hace del iridio uno de los mejores pisapapeles del mundo, capaz de desafiar cualquier ventilador de oficina. El iridio también es la prueba irrefutable más famosa del mundo. Una delgada capa de él se encuentra en todo nuestro planeta, en el famoso límite Cretácico-Paleógeno (límite K/Pg),[1] en estratos geológicos que datan de hace 65 millones de años. No es coincidencia que en ese entonces toda especie terrestre más grande que un equipaje de mano se extinguiera, incluyendo los legendarios dinosaurios. El iridio es raro en la superficie de la Tierra, pero relativamente común en los asteroides metálicos de nueve kilómetros que se va-

---

[1] Para los veteranos, esta capa anteriormente se conocía como *límite Cretácico-Terciario* (límite K/T).

118

porizan al chocar contra la Tierra, dispersando sus átomos sobre la superficie terrestre. Así que, sin importar cuál haya sido tu teoría favorita sobre lo que acabó con los dinosaurios, la del asteroide asesino del tamaño del Monte Everest que llegó del espacio exterior debería ocupar el primer lugar de la lista.

✳

No sé cómo se habría sentido Albert sobre esto, pero en los restos de la primera prueba de la bomba de hidrógeno, el 1 de noviembre de 1952, en el atolón de Eniwetok, en el sur Pacífico, se descubrió un elemento desconocido y se nombró *einstenio* en su honor. Yo lo hubiera nombrado *armagedio*.

Por otra parte, diez elementos de la tabla periódica obtuvieron sus nombres de objetos que orbitan el Sol: *fósforo* en griego significa 'portador de luz' y era el antiguo nombre del planeta Venus cuando aparecía antes del amanecer.

Selenio viene de *selene*, que en griego significa 'luna', y se llamó así porque en las menas siempre estaba unido al elemento telurio, que ya se había nombrado así por la Tierra, del latín *tellus*.

El 1 de enero de 1801, el astrónomo italiano Giuseppe Piazzi descubrió un nuevo planeta orbitando el Sol, en la brecha sospechosamente grande entre Marte y Júpiter. Siguiendo la tradición de nombrar a los planetas en honor a los dioses romanos, el objeto fue llamado *Ceres*, por la diosa de la cosecha. Ceres es, por supuesto, la raíz de la palabra *cereal*. En aquel entonces había entusiasmo entre la comunidad científica porque el primer elemento en ser descubierto después de esta fecha fuera nombrado *cerio*, en su honor. Dos años después, se descubrió otro planeta orbitando el Sol, en la misma brecha que Ceres. Este fue nombrado *Palas*, por la diosa romana de la sabiduría, y, como en el caso del cerio, el primer elemento en ser descubierto a partir de entonces se nombró *paladio* en su honor. Los bautizos terminarían algunas décadas más tarde. Después de que docenas más de estos planetas fueran descubiertos compartiendo la misma zona orbital, un análisis más detallado reveló que estos objetos eran mucho, mucho más pequeños que el planeta más pequeño conocido. Se había descubierto una nueva zona de bienes raíces en el sistema solar, poblada por pequeños y escarpados trozos de roca y metal. Ceres y Palas no son planetas, sino asteroides, y viven en el cinturón de asteroides, que ahora se sabe contiene cientos de miles de objetos (un poco más que los elementos de la tabla periódica).

El mercurio, un metal líquido a temperatura ambiente, y el planeta Mercurio, el más rápido de todos los planetas del sistema solar, fueron ambos bautizados en honor al veloz dios mensajero romano que lleva el mismo nombre.

El torio recibió su nombre de Thor, el musculoso dios escandinavo, que empuña un rayo y que equivale a Júpiter, el dios de la mitología romana que también empuña un rayo. Y las imágenes del telescopio espacial Hubble de las regiones polares de Júpiter revelan extensas y profundas descargas eléctricas en sus turbulentas capas de nubes.

Tristemente, no se ha nombrado ningún elemento en honor a Saturno, mi planeta favorito,[2] pero Urano, Neptuno y Plutón están ilustremente representados. El elemento uranio fue descubierto en 1789 y nombrado en honor al planeta descubierto por William Herschel apenas ocho años antes. Todos los isótopos de uranio son inestables y decaen de forma espontánea, transformándose en elementos más ligeros, en un proceso que libera energía. La primera bomba atómica usada en la guerra tenía uranio como ingrediente activo y fue lanzada por Estados Unidos, incinerando la ciudad japonesa de Hiroshi-

---

[2] En realidad, la Tierra es mi planeta favorito. Luego Saturno.

ma el 6 de agosto de 1945. Con 92 protones en su núcleo, el uranio con frecuencia es descrito como el elemento más grande presente en la naturaleza, aunque es posible encontrar rastros de elementos más grandes en estado natural en sitios donde se extrae mineral de uranio.

Si Urano merecía que se nombrara un elemento en su honor, entonces también lo merecía Neptuno. A diferencia del uranio, que fue descubierto poco después del planeta, el neptunio se descubrió en 1940, en el ciclotrón de Berkeley, 97 años después de que el astrónomo alemán John Galle encontrara a Neptuno en un lugar del cielo predicho por el matemático francés Joseph Le Verrier, tras estudiar el extraño comportamiento orbital de Urano. Y tal como Neptuno se encuentra justo después de Urano en el sistema solar, también lo hace el neptunio después del uranio en la tabla periódica de elementos.

El ciclotrón de Berkeley descubrió (¿ o produjo?) muchos elementos que no se encuentran en la naturaleza, incluido el plutonio, que sigue después del neptunio en la tabla y que fue nombrado por Plutón, descubierto por Clyde Tombaugh en el Observatorio Lowell de Arizona en 1930. Igual que con el descubrimiento de Ceres 129 años atrás, el entusiasmo reinaba. Plutón fue el primer planeta descubierto por un estadounidense y, a falta de mejores datos, era considerado por la mayoría como un elemento de tamaño y masa proporcionales a la Tierra, si no, a Urano o a Neptuno. Conforme perfeccionamos cada vez más nuestros intentos por medir el tamaño de Plutón, este se hizo cada vez más pequeño. Fue hasta finales de los ochenta cuando se estabilizó nuestro conocimiento sobre las dimensiones de Plutón. Ahora sabemos que el helado Plutón es por mucho el más pequeño de los nueve, con la minúscula distinción de ser más pequeño que las seis lunas más grandes del sistema solar. Igual que los asteroides, cientos de otros objetos fueron descubiertos después en el sistema solar exterior, con órbitas similares a la de Plutón, marcando así el fin de Plutón como planeta y revelando una reserva hasta ahora no registrada de pequeños cuerpos helados llamada *cinturón Kuiper* de cometas, al que pertenece Plutón. En este sentido, se podría sostener que cerio, paladio y plutonio entraron a la tabla periódica con engaños.

El inestable plutonio, apto para uso bélico, fue el ingrediente activo de la bomba atómica que Estados Unidos hizo estallar sobre la ciudad japonesa de Nagasaki, apenas tres días después de la de Hiroshima, y que puso un rápido fin a la Segunda Guerra Mundial. Pequeñas cantidades de plutonio radiactivo no apto para uso bélico pueden emplearse en los generadores termoeléctricos radioisotópicos (sensatamente abreviados RTG) de las naves espaciales que viajan al sistema solar exterior, donde la intensidad de la luz solar disminuye por debajo del nivel utilizable por paneles solares. Poco menos de medio kilo de plutonio puede generar 10 millones de kilovatios hora de energía térmica, suficiente para alimentar una bombilla incandescente por 11 000 años, o a un humano por casi el mismo tiempo si es que funcionáramos a base de combustible nuclear en vez de comida de supermercados.

✳

Y así termina nuestro viaje cósmico a través de la tabla periódica de elementos, justo en los límites del sistema solar y más allá. Por razones que todavía no comprendo, a mucha gente le disgustan los productos químicos, lo que podría explicar la eterna lucha por eliminarlos de los alimentos. Quizá los nombres polisilábicos de los químicos suenen peligrosos, pero si ese es el caso, debemos culpar a los químicos y no a los productos químicos. Personalmente, me siento muy cómodo con los químicos en cualquier parte del universo. Mis estrellas favoritas, así como mis mejores amigos, están hechos de ellos.

8.
SER REDONDO

Además de cristales y piedras rotas, no hay muchas otras cosas en el cosmos que, de forma natural, tengan ángulos afilados. Aunque muchos objetos tienen formas peculiares, la lista de las cosas redondas es prácticamente interminable y va desde una simple pompa de jabón hasta todo el universo observable. De todas las formas, las esferas están favorecidas por la acción de las leyes básicas de la física. La esfera es tan predominante que con frecuencia asumimos que algo es esférico incluso cuando sabemos que no lo es. Y lo hacemos como parte de un experimento mental para obtener conocimientos básicos sobre ese objeto. En pocas palabras, si no entiendes la figura esférica, no puedes afirmar que entiendes los principios básicos del objeto.

En la naturaleza, las esferas están hechas por fuerzas como la tensión superficial, que buscan reducir el tamaño de los objetos en todas las direcciones. La tensión superficial del líquido que crea una burbuja de jabón presiona el aire en todas direcciones. Apenas momentos después de formase, encierra el aire usando la menor superficie posible, produciendo la pompa de jabón más fuerte posible debido a que la película jabonosa no tendrá que extenderse y hacerse más delgada de lo absolutamente necesario. Usando un cálculo básico puedes demostrar que la única figura con la superficie más pequeña para un volumen contenido es la perfecta esfera. De hecho, se podrían ahorrar miles de millones de dólares en materiales para empacar si todas las cajas para envío y todos los empaques de comida en los supermercados fueran esferas. Por ejemplo, el contenido de una caja de cereal tamaño jumbo fácilmente cabría en un envase esférico de 11.43 cm de radio. Pero las cuestiones prácticas se imponen: nadie querría perseguir paquetes de comida por los pasillos del supermercado cuando estos cayeran de los estantes.

En la Tierra, una forma de hacer balines o bolas de rodamientos es fabricarlos a máquina, otra es dejar caer metal fundido en cantidades previamente medidas a través de un cilindro. La masa por lo general se ondulará hasta volverse esfera, aunque requerirá suficiente tiempo para endurecerse antes de llegar al fondo. En las estaciones espacia-

les en órbita, donde todo es ingrávido, si lanzas chorros de cantidades exactas de metal fundido y cuentas con el tiempo necesario, las bolitas simplemente
flotarán mientras se enfrían y se endurecen en forma de perfectas esferas, mientras la tensión superficial trabaja por ti.

$*$

En los objetos cósmicos grandes, la energía y la gravedad se unen para convertirlos en esferas. La gravedad
es la fuerza que ayuda a colapsar la materia en todas
direcciones, pero la gravedad no siempre gana porque los enlaces químicos de los objetos sólidos son
fuertes. Los Himalayas crecieron contra la fuerza de
gravedad de la Tierra debido a la resistencia de las
rocas de la corteza. Pero antes de que te emocionen
las imponentes montañas de la Tierra, deberías saber que la extensión desde lo más profundo de las
fosas submarinas hasta las montañas más elevadas
es de apenas poco más de 19 kilómetros. Sin embargo, el diámetro de la Tierra es de alrededor de
12 874.75 kilómetros. Así que contrario a lo que les
parece a los minúsculos humanos moviéndose sobre
su superficie, la Tierra, como objeto cósmico, es increíblemente lisa. Si tuvieras un dedo superreque-

tecontra grande y lo pasaras sobre la superficie de la Tierra (incluyendo los océanos), la Tierra parecería tan suave como una bola de billar. Los globos terráqueos más costosos, con porciones elevadas en las masas continentales de la Tierra, que indican cadenas montañosas, son torpes exageraciones de la realidad. Por ello es que, a pesar de las montañas y los valles de la Tierra y de estar algo aplanada de polo a polo, cuando se ve desde el espacio, la Tierra es idéntica a una perfecta esfera.

Las montañas de la Tierra también son insignificantes cuando se comparan con otras montañas del sistema solar. La montaña más grande de Marte, el Monte Olimpo, tiene una altura de 19 812 metros y su base es de poco más de 482 kilómetros de ancho. Hace al Monte McKinley, en Alaska, parecer un grano de arena. La receta cósmica para hacer montañas es sencilla: entre más débil sea la gravedad en la superficie de un objeto, más altas podrán ser sus montañas. El Everest es la máxima altura que puede alcanzar una montaña en la Tierra antes de que las capas inferiores de roca sucumban a su propia plasticidad debido al peso de la montaña.

Si un objeto sólido tiene una gravedad superficial lo suficientemente baja, los enlaces químicos de sus rocas resistirán la fuerza de su propio peso. Cuando esto ocurre, pueden adquirir casi cualquier forma. Dos famosas no esferas celestes son Fobos y Deimos, las lunas de Marte con forma de papas blancas. En Fobos, de 20.92 kilómetros de largo, una persona de 68 kilos apenas pesaría 113 gramos.

En el espacio, la tensión superficial siempre obliga a una pequeña masa de líquido a formar una esfera. Siempre que veas un pequeño objeto sólido sospechosamente esférico, puedes asumir que se formó estando fundido. Si la masa de la bola es muy grande, entonces podría estar compuesta de casi cualquier cosa, y la gravedad se encargó de que formara una esfera.

Las gigantescas masas de gas en la galaxia pueden fusionarse para formar esferas de gas casi perfectas llamadas *estrellas*. Pero si una estrella está orbitando muy cerca de otro objeto cuya gravedad es significativa, la forma esférica puede distorsionarse conforme se le arrebata su material. Por "demasiado cerca" me refiero a demasiado cerca del *lóbulo de Roche* del objeto, nombrado así por el matemático de mediados del siglo XIX Édouard Roche, quien hizo detallados estudios sobre los campos de gravedad en las cercanías de las estrellas dobles.

El lóbulo de Roche es una doble cubierta protuberante y en forma de pesa que rodea a dos objetos cualesquiera en órbita mutua. Si el material gaseoso de un objeto atraviesa su propia cubierta, entonces el material caerá hacia el segundo objeto. Este suceso es común entre estrellas binarias cuando una de ellas se hincha para convertirse en una gigante roja y desborda su lóbulo de Roche. La gigante roja se distorsiona y adquiere una forma no esférica similar a un chocolate *kiss* alargado. Además, de vez en cuando, una de las dos estrellas es un agujero negro cuya ubicación se hace visible porque su compañera binaria está desollada. El gas que se mueve en espirales, después de pasar desde la gigante a través de su lóbulo de Roche, se calienta a temperaturas extremas y se vuelve brillante antes de desaparecer dentro del agujero negro mismo.

✳

Las estrellas de la Vía Láctea trazan un círculo grande y plano. Con una proporción entre el diámetro y el grosor de mil a uno, nuestra galaxia es más plana que el *hot cake* más plano que jamás haya pasado por una sartén. De hecho, sus proporciones se representan mejor con una crepa o una tortilla. No, el disco de la Vía Láctea no es una esfera, pero probablemente comenzó así. Podemos entender la planitud supo-

130

SER REDONDO

niendo que la galaxia alguna vez fue una gran bola esférica de gas que colapsaba y rotaba lentamente. Durante el colapso, la bola giró más y más rápidamente, tal como giran los patinadores sobre hielo cuando llevan los brazos hacia adentro para aumentar su velocidad de rotación. La galaxia se aplanó naturalmente de polo a polo mientras las crecientes fuerzas centrifugas en el centro impedían que la parte del medio se colapsara. Si los patinadores sobre hielo estuvieran hechos de plastilina o masilla, los giros rápidos serían una actividad de alto riesgo.

Cualquier estrella formada dentro de la nube de la Vía Láctea antes del colapso conservó una órbita grande y descendente. El gas restante —que fácilmente se adhiere a sí mismo, como una colisión aérea de dos malvaviscos calientes— se quedó atrapado en el medio y fue el responsable de todas las generaciones posteriores de estrellas, incluido el Sol. La Vía Láctea actual, que no se colapsa ni expande, es un sistema gravitacionalmente maduro donde las estrellas que orbitan sobre y debajo del disco pueden considerarse restos óseos de la nube esférica de gas original.

Esta planitud general de los objetos que rotan es la razón por la que el diámetro de polo a polo de la Tierra es menor que su diámetro en el ecuador. No mucho menor: tres décimas de 1% (unos 41 kilómetros). Pero la Tierra es pequeña, en su mayor parte sólida y no gira tan rápido. A 24 horas por día, la Tierra transporta a cualquier cosa en su ecuador a apenas 1 609 kilómetros por hora. Por otra parte, Saturno es un gigantesco planeta gaseoso que rota rápidamente. Completa un día en solo 10 horas y media, su ecuador gira a 35 405 kilómetros por hora y su dimensión de polo a polo es 10% más plana que su centro, una diferencia visible incluso a través de un pequeño telescopio para aficionados. Por lo general, a las esferas aplanadas se las llama *esferoides oblatos*, mientras que a las esferas que son alargadas de polo a polo se les llama *esferoides prolatos*. Alimentos comunes como hamburguesas y *hot dogs* son excelentes ejemplos de cada figura, aunque algo extremos. No sé a ti, pero el planeta Saturno me viene a la cabeza cada vez que la doy una mordida a una hamburguesa.

✳

Usamos el efecto de las fuerzas centrífugas sobre la materia para explicar la velocidad de rotación de los objetos cósmicos extremos. Piensa en los púlsares. Algunos de ellos rotan a más de mil revoluciones por segundo, por lo que sabemos que no pueden estar hechos de ingredientes caseros porque sencillamente se desintegrarían al girar. De hecho, si un púlsar girara más rápido, por ejemplo a 4 500 revoluciones por segundo, su ecuador se estaría moviendo a la velocidad de la luz, lo que indica que ese material es diferente a todos los demás. Para imaginarte un púlsar, imagina la masa del Sol metida en una pelota del tamaño de Manhattan. Si te resulta difícil hacerlo, quizá sea más fácil si te imaginas a unos cien millones de elefantes en el interior de un envase de manteca de cacao para labios. Para alcanzar esta densidad, tendrías que comprimir todo el espacio vacío que hay alrededor de los núcleos de los átomos y entre los electrones que lo orbitan. Hacerlo aplastaría a casi todos los electrones (con carga negativa) transformándolos en protones (con carga positiva), creando una bola de neutrones (con carga neutral) cuya gravedad de superficie sería increíblemente alta. Bajo tales condiciones, una cadena montañosa en una estrella de neutrones no tendría que ser más alta que el grosor de una hoja de papel para que gastaras más energía subiéndola que un escalador en la Tierra ascendiendo una montaña de 4 828 kilómetros de altura. En resumen, en los sitios donde la gravedad es alta, los lugares altos tienden a caer, rellenando los lugares bajos, un fenómeno que suena casi bíblico, que prepara el camino para el Señor: "Todo valle sea elevado, y bajado todo monte y collado; vuélvase llano el terreno escabroso, y lo abrupto, ancho valle" (Isaías 40:4). No existe una mejor fórmula para crear una esfera. Por todas estas razones, suponemos que los púlsares son las esferas más perfectas del universo.

✳

En los cúmulos densos de galaxias, la forma puede proporcionar un profundo conocimiento astrofísico. Algunos son accidentados. Otros se han estirado y convertido en filamentos. Sin embargo, otros forman vastas placas. Ninguno de ellos ha adquirido una forma gravitacionalmente estable, una esfera. Algunos están tan extendidos que los 14 000 millones de años de edad del universo no son tiempo suficiente para que las galaxias que los forman crucen el cúmulo una vez. Concluimos que el cúmulo nació así porque los encuentros gravitacionales mutuos entre galaxias no han tenido suficiente tiempo para influir en la forma del cúmulo.

Pero otros sistemas, tales como el hermoso cúmulo de Coma —al que conocimos en el capítulo sobre materia oscura—, enseguida nos muestran que la gravedad les ha dado forma de esfera. Como consecuencia, es igualmente posible encontrar una galaxia que se mueva en una dirección como en cualquier otra. Cuando esto ocurre, el cúmulo no puede rotar tan rápido; de otra forma se podría apreciar cierto aplanamiento, como lo vemos en nuestra Vía Láctea.

El cúmulo de Coma, al igual que la Vía Láctea, es gravitacionalmente maduro. En términos astrofísicos vernáculos, se dice que tales sistemas están *relajados*, lo que significa muchas cosas, incluyendo el hecho fortuito de que la velocidad promedio de las galaxias del cúmulo es un excelente indicador de la masa total, sin importar que la masa total del sistema venga de los objetos utilizados para obtener la velocidad promedio. Es por estas razones que los sistemas gravitacionalmente relajados son excelentes detectores de materia oscura no luminosa. Permíteme hacer una declaración incluso más fuerte: de no ser por los sistemas relajados, la omnipresente materia oscura seguiría sin descubrirse hasta el día de hoy.

✳

El epítome de las esferas —la más grande y perfecta de todas ellas— es el universo entero. En todas las direcciones que veas, las galaxias se alejan de nosotros a velocidades proporcionales a sus distancias. Como vimos en los primeros capítulos, este es el famoso rasgo distintivo de nuestro universo en expansión, descubierto por Edwin Hubble en 1929. Cuando se combina la relatividad de Einstein y la velocidad de la luz, y el universo en expansión y la dilución espacial de masa y energía como consecuencia de esa expansión, hay una distancia en cada dirección desde nosotros, donde la velocidad de recesión de una galaxia es igual a la velocidad de la luz.

A esta distancia y más allá, la luz de todos los objetos luminosos pierde toda su energía antes de llegar a nosotros. El universo más allá de este borde esférico, por lo tanto, se vuelve invisible y, hasta donde sabemos, imposible de conocer.

Hay una variante en la tan popular idea del multiverso en la que los múltiples universos que comprende no son del todo universos separados, sino trozos de espacio aislados que no interactúan entre sí dentro del ininterrumpido tejido de espacio-tiempo, como numerosos barcos en el mar, lo suficientemente lejos uno del otro como para que sus horizontes circulares no se intersequen. En lo que respecta a cualquiera de los barcos (sin tener más datos), es el único barco en el océano; sin embargo, todos comparten el mismo cuerpo de agua.

＊

Las esferas son, en efecto, fértiles herramientas teóricas que nos ayudan a comprender todo tipo de problemas astrofísicos. Pero no deberíamos ser fanáticos de las esferas. Me acuerdo de una broma medio seria sobre cómo aumentar la producción de leche en una granja: un experto en cría de animales dice: "Toma en cuenta el papel de la dieta de la vaca...". Un ingeniero dice: "Considera el diseño de las máquinas de ordeña...". Pero es el astrofísico quien dice: "Piensa en una vaca esférica...".

9.
LUZ INVISIBLE

Por eso como a un extraño debéis darle la bienvenida. En el cielo y en la Tierra, Horacio, hay más cosas de las que alcanza a soñar tu filosofía.

HAMLET, ACTO I, ESCENA V

Antes de 1800, la palabra *luz*, además de usarse como sustantivo, se refería solo a la luz visible. Pero a principios de ese año, el astrónomo inglés William Herschel observó un calentamiento que solo podía ser provocado por un tipo de luz invisible al ojo humano. Siendo ya un consumado observador, Herschel había descubierto el planeta Urano en 1781, y ahora exploraba la relación entre la luz solar, el color y el calor. Empezó colocando un prisma en la trayectoria de un rayo de luz solar. No encontró nada nuevo. Sir Isaac Newton ya había hecho esto en la década de 1600, lo que lo llevó a nombrar los siete colores conocidos del espectro visible: rojo, naranja, azul, índigo y violeta. Pero Herschel era lo suficientemente curioso como para preguntarse qué temperatura tendría cada color. Así que colocó termómetros en varias zonas del arcoíris y, como sospechaba, mostraban que los distintos colores registraban distintas temperaturas.[1]

Los experimentos bien ejecutados requieren un *control*: una medición en la que se espera que no haya ningún resultado y que sirve como una última revisión para cerciorarse de que todo está bien con lo que se está midiendo. Por ejemplo, si te preguntas el efecto que tendría regar un tulipán con cerveza y luego también riegas una segunda planta, idéntica a la primera, pero con agua, y si ambas plantas mueren —si matas a las dos—, entonces no puedes culpar al alcohol. Ese es el valor de la muestra de control. Herschel sabía esto, por lo que colocó un termómetro fuera del espectro, adyacente al rojo, creyendo que no registraría una temperatura mayor a la ambiente durante todo el experimento. Pero no ocurrió eso. La temperatura de su termómetro de control subió incluso más que en el rojo.

---

[1] Fue hasta mediados de 1800 —cuando el espectómetro del físico se empleó en problemas astronómicos—, que el astrónomo se volvió astrofísico. En 1895 se fundó la prestigiada publicación *Astrophysical Journal*, con el subtítulo "Una revista de espectroscopía y física astronómica".

Herschel escribió:

Concluyo que el rojo vivo aún no alcanza el máximo de
calor, que quizá se encuentra incluso un poco más allá
de la refracción visible. En este caso, el calor radiante,
al menos parcialmente, si no es que en su mayor parte, consiste en, si se me permite la expresión, luz invisible; es decir, de los rayos que provienen del Sol y
que tienen tal momentum que son aptos para la vista.[2]

¡Santo cielo!

Sin querer, Herschel había descubierto la luz *infrarroja*, una nueva parte de espectro que se encuentra justo debajo del rojo, reportaría él en el primero
de sus cuatro artículos sobre el tema.

La revelación de Herschel era el equivalente as-
tronómico al descubrimiento de Antonie van Leeuwenhoek cuando anunció "muchos y muy pequeños
animálculos moviéndose"[3] en la gota más pequeña de agua de lago. Leeuwenhoek descubrió los organismos unicelulares: un universo biológico. Her-

---

[2] William Herschel, "Experiments on Solar and on the Te-
rrestrial Rays that Occasion Heat" [Experimentos sobre rayos
solares y terrestres que ocasionan calor], *Philosophical Tran-
sactions of the Royal Astronomical Society,* 1800, 17.
[3] Antonie van Leeuwenhoek, carta a la Real Sociedad de
Londres, 10 de octubre de 1676.

schel descubrió una nueva banda de luz. Ambos ocultos a plena vista.

Otros investigadores de inmediato continuaron donde Herschel se había quedado. En 1801, el físico y farmacéutico alemán Johann Wilhelm Ritter encontró otra banda de luz invisible. Pero en vez de usar un termómetro, Ritter colocó un montoncito de cloruro de plata sensible a la luz en cada color visible, al igual que en el área oscura junto al violeta, al final del espectro. En efecto, el montoncito de la parte no iluminada se oscureció incluso más que el montoncito de la parte violeta. ¿Qué hay más allá del violeta? *Ultravioleta*, mejor conocida hoy en día como UV.

Completando el espectro electromagnético en orden de baja energía y baja frecuencia a alta energía y alta frecuencia, tenemos: ondas de radio, microondas, infrarroja, RNAVAIV, ultravioleta, rayos X y rayos gamma. La civilización moderna hábilmente ha explotado cada una de estas bandas para innumerables aplicaciones domésticas e industriales, haciéndolas conocidas para todos nosotros.

✳

La forma en que observamos el cielo no cambió de la noche a la mañana tras el descubrimiento de los UV y los IR. El primer telescopio diseñado para detectar partes invisibles del espectro electromagnético sería construido 130 años más tarde. Esto ocurrió mucho tiempo después de que se descubrieran las ondas de radio, los rayos X y los rayos gamma, y mucho después de que el físico alemán Heinrich Hertz mostrara que la única diferencia real entre los diversos tipos de luz es la frecuencia de las ondas en cada banda. De hecho, debemos darle crédito a Hertz por reconocer que hay algo llamado espectro electromagnético. En su honor, la unidad de frecuencia —en ondas por segundo— para cualquier cosa que vibra, incluido el sonido, fue llamada *hertz*.

Misteriosamente, los astrofísicos se tomaron su tiempo haciendo la conexión entre las recién descubiertas bandas de luz invisibles y la idea de construir un telescopio que pudiera ver esas bandas a partir de fuentes cósmicas. Los retrasos en la tecnología de detectores sin duda tuvieron algo que ver. Pero la arrogancia debe asumir parte de la culpa: ¿cómo podría el universo enviar luz que nuestros maravillosos ojos no pueden ver? Durante más de tres siglos —desde los tiempos de Galileo hasta los de Edwin Hubble—, construir un telescopio significaba una sola cosa: hacer un instrumento para captar luz visible y mejorar la visión que nos otorgó la biología.

ASTROFÍSICA PARA GENTE CON PRISA

Un telescopio es meramente un instrumento para mejorar nuestros precarios sentidos, permitiéndonos conocer mejor los lugares lejanos. Entre más grande sea el telescopio, más oscuros serán los objetos que muestra; entre más perfectamente moldeados estén sus espejos, más nítida será la imagen que muestra; mientras más sensibles sean sus detectores, más eficientes serán sus observaciones. Pero en todo caso, cada pedacito de información que el telescopio le da al astrofísico llega a la Tierra a través de un rayo de luz.

Los sucesos celestes, sin embargo, no se limitan a lo que resulta conveniente para la retina humana. En vez de ello, normalmente emiten distintas cantidades de luz de forma simultánea y en múltiples bandas. Así que, sin telescopios y sus detectores sintonizados en todo el espectro, los astrofísicos seguirían felizmente ignorantes sobre algunas de las cosas más alucinantes del universo.

Por ejemplo, una estrella que explota, una supernova. Se trata de un evento cósmico común y de muchísima energía que genera inmensas cantidades de rayos X. Las explosiones a veces vienen acompañadas de ráfagas de rayos gamma y de destellos de rayos ultravioleta, y nunca falta la luz visible. Mucho después de que los gases explosivos se enfrían, las

144

ondas de choque se disipan y la luz visible se desvanece, la supernova remanente continúa brillando en infrarrojo, mientras pulsa en ondas de radio. De ahí vienen los púlsares, los cronometradores más confiables del universo.

La mayoría de las explosiones estelares ocurren en galaxias distantes, pero si una estrella estallara dentro la Vía Láctea, todos podrían ver su agonía, incluso sin un telescopio. Nadie en la Tierra vio los rayos X o los rayos gamma invisibles de los dos más recientes espectáculos de supernovas organizados por nuestra galaxia —uno en 1572 y otro en 1604—, pero su asombrosa luz visible fue ampliamente reportada.

El rango de longitudes de onda (o frecuencias) que comprende cada banda de luz influye poderosamente en el diseño del equipo empleado para detectarlas. Es por ello que no hay una única combinación de telescopio y detector que simultáneamente pueda ver cada una de las características de tales explosiones. Pero el problema se soluciona de forma sencilla: reunir todas las observaciones de tu objeto, quizás obtenidas por colegas, en múltiples bandas de luz. Luego asignar colores visibles a las bandas invisibles que te interesan, creando una metaimagen, multibanda. Eso es precisamente lo que ve Geordi,

145

de la serie de televisión *Star Trek: La nueva generación*. Con esa extraordinaria visión no se te escapa nada.

Solo después de identificar la banda del objeto de tu afecto astrofísico, podrás empezar a pensar en el tamaño de tu espejo, los materiales que necesitarás para fabricarlo, la forma, la superficie que deberá tener y el tipo de detector que vas a necesitar. Las longitudes de onda de los rayos X, por ejemplo, son extremadamente cortas. Así que si quieres observarlos, tu espejo deberá ser superliso, de lo contrario las imperfecciones de la superficie los distorsionarán.

Pero si lo que quieres detectar son ondas de radio largas, tu espejo podría estar hecho de malla metálica doblada con tus propias manos, ya que las irregularidades del alambre serían mucho menores que la longitud de onda que buscas registrar. Claro, si también quieres detalles —alta resolución—, tu espejo deberá ser tan grande como sea posible. Finalmente, tu telescopio debe ser mucho, mucho más ancho que las longitudes de onda de luz que deseas detectar. En ninguna otra parte es más evidente esto que en la construcción de un radiotelescopio.

✳

Los radiotelescopios, los primeros telescopios de luz no visible jamás construidos, son una increíble subespecie de observatorio. El ingeniero estadounidense Karl G. Jansky construyó el primero que funcionó exitosamente entre 1929 y 1930. Parecía algo similar a un sistema de riego en una granja sin granjero. Estaba fabricado con una serie de altas estructuras metálicas rectangulares aseguradas con soportes transversales de madera y giraba como un carrusel sobre ruedas construidas con piezas de un Ford Modelo T. Jansky había sintonizado el artefacto de poco más de 30 metros a una longitud de onda de unos 15 metros, correspondiente a una frecuencia de 20.5 megahertz.[4] La intención de Jansky —en nombre de su empleador, los Laboratorios Telefónicos Bell— era estudiar cualquier ruido de fondo de fuentes de radio en la Tierra que pudieran contaminar las comunicaciones terrestres de radio. Se parece muchísimo a la misión que los Laboratorios Bell

---

[4] Todas las ondas siguen la sencilla ecuación: *velocidad = frecuencia x longitud de onda*. A una velocidad constante, si incrementas la longitud de onda, la onda misma tendrá menor frecuencia, y viceversa, por lo que cuando multiplicas las dos cantidades obtienes la misma velocidad de onda todas las veces. Aplica para la luz, el sonido e incluso para los fanáticos en los estadios haciendo la ola, cualquier cosa que sea una onda en movimiento.

le encomendaron a Penzias y Wilson, 35 años después, para encontrar ruido de microondas en su receptor —como vimos en el Capítulo 3— y que llevó al descubrimiento de la radiación de fondo de microondas.

Al pasar un par de años meticulosamente monitoreando y midiendo el ruido de fondo que registró en su improvisada antena, Jansky había descubierto que las ondas de radio no solo emanan de tormentas eléctricas y de otras fuentes terrestres conocidas, sino también del centro de la Vía Láctea, nuestra galaxia.

Esa región del cielo pasaba por el campo visual del telescopio cada 23 horas y 56 minutos: exactamente el período de la rotación de la Tierra en el espacio, y por ello exactamente el tiempo necesario para regresar el centro galáctico al mismo ángulo y elevación en el cielo. Karl Jansky publicó sus resultados bajo el título "Electrical Disturbances Apparently of Extraterrestrial Origin" ["Perturbaciones eléctricas al parecer de origen extraterrestre"].[5]

Con esa observación nació la radioastronomía, pero sin Jansky. Los Laboratorios Bell le dieron otras

---

[5] Karl Jansky, "Electrical Disturbances Apparently of Extraterrestrial Origin" [Perturbaciones eléctricas al parecer de origen extraterrestre], *Proceedings of the Institute for Radio Engineers*, 21, núm. 10, 1933, p. 1387.

tareas, impidiéndole cosechar los frutos de su propio y trascendente descubrimiento. Unos años después, sin embargo, un emprendedor estadounidense llamado Grote Reber, de Wheaton, Illinois, construyó en su propio patio trasero un radiotelescopio, una antena parabólica de metal de nueve metros de ancho. En 1938, por iniciativa propia, Reber confirmó el descubrimiento de Jansky y pasó los siguientes cinco años haciendo mapas de radio del cielo en baja resolución.

El telescopio de Reber, aunque sin precedentes, era pequeño y burdo para los estándares actuales. Los radiotelescopios modernos son otra cosa. Al no estar limitados por patios traseros, a veces son francamente gigantescos. El MK 1, que comenzó su vida productiva en 1957, es el primer radiotelescopio verdaderamente gigantesco del planeta: una antena parabólica sencilla, orientable, de acero sólido y 76 metros de ancho en el Observatorio Jodrell Bank, cerca de Manchester, Inglaterra. Un par de meses después de que se estrenara el MK 1, la Unión Soviética lanzó el *Sputnik 1,* y la antena de Jodrell Bank de pronto se transformó en algo para monitorear pequeños pedazos de hardware en órbita, convirtiéndolo en el precursor de la Red del Espacio Profundo para monitorizar sondas espaciales planetarias.

El radiotelescopio más grande del mundo, terminado en 2016, se llama Telescopio Esférico de Quinientos Metros de Apertura, o FAST por sus siglas en inglés (Five-hundred-meter Aperture Spherical Radio Telescope). Se construyó en la provincia de Guizhou, China, y es más grande que treinta campos de futbol americano. Si los extraterrestres alguna vez nos contactan, los chinos serán los primeros en enterarse.

✳

Otra variedad de radiotelescopio es el interferómetro, que comprende conjuntos de antenas parabólicas idénticas extendidas sobre el campo y conectadas electrónicamente para funcionar de forma concertada. El resultado es una imagen sencilla, coherente y de altísima resolución de objetos cósmicos con emisión de radio. Aunque *supersize me* [superagrándame] era el lema no escrito de los telescopios mucho antes de que la industria de la comida rápida acuñara el eslogan, los radio interferómetros integran una categoría gigante en sí mismos. El nombre oficial de uno de ellos, un gran conjunto de radioantenas cerca de Socorro, Nuevo México, es el Very Large Array, con 27 antenas de 25 metros colocadas sobre rieles que se extienden sobre 35.4 kilómetros de llanuras desérticas. El observatorio es tan cosmogénico que fue escenario de las películas *2010: El Año que Hicimos Contacto* (1984), *Contacto* (1997) y *Transformers* (2007). También tenemos al Very Long Baseline Array, con 10 antenas de 25 metros que se extienden sobre 8046 kilómetros desde Hawái hasta las Islas Vírgenes, ofreciendo la resolución más alta de cualquier radiotelescopio del mundo.

En la banda de microondas, relativamente nueva para los interferómetros, tenemos 66 antenas en ALMA (el Atacama Large Millimeter Array) en los remotos Andes del norte de Chile. Sintonizado en longitudes de onda que oscilan entre fracciones de un milímetro y varios centímetros, ALMA da a los astrofísicos acceso de alta resolución a categorías de acción cósmica que no se ve en otras bandas, tal como la estructura de las nubes de gas que colapsan y se convierten en criaderos donde nacen las estrellas. La ubicación de ALMA es, intencionalmente, el paisaje más árido de la Tierra, a 4.8 kilómetros sobre el nivel del mar y muy por encima de las nubes más húmedas. El agua es útil para cocinar en hornos de microondas, pero es mala para los astrofísicos porque el vapor en la atmósfera de la Tierra deteriora las prístinas señales de microondas de la galaxia y más allá. Estos dos fenómenos, por supuesto, están relacionados: el agua es el ingrediente más común en la comida, y los hornos de microondas básicamente calientan agua. Conjuntamente obtienes la mejor evidencia de que el agua absorbe frecuencias de microondas. Así que si quieres observaciones claras de objetos cósmicos, debes minimizar la cantidad de vapor de agua entre tu telescopio y el universo, tal como la ha hecho ALMA.

✳

En el extremo de la longitud de onda ultracorta del espectro electromagnético se encuentran los rayos gamma de alta frecuencia y alta energía, con longitudes de onda que se miden en picómetros.[6] Descubiertos en 1900, no fueron detectados desde el espacio hasta que se colocó un nuevo tipo de telescopio a bordo del satélite de la NASA, el *Explorer XI,* en 1961.

Cualquiera que haya visto demasiadas películas de ciencia ficción sabe que los rayos gamma son malos para él. Podrías volverte verde y musculoso o podrían salirte telarañas de las muñecas. Pero también son difíciles de atrapar. Atraviesan las lentes y los es-

---

[6] *Pico-* es el prefijo métrico para un billonésimo.

pejos ordinarios. Entonces, ¿cómo se pueden observar? Las entrañas del telescopio *Explorer XI* tienen un dispositivo llamado *centelleador*, que responde a los rayos gamma entrantes bombeando partículas eléctricamente cargadas. Si mides las energías de las partículas, puedes saber qué tipo de luz de alta energía las creó.

Dos años después, la Unión Soviética, el Reino Unido y Estados Unidos firmaron el "Tratado de prohibición parcial de ensayos nucleares", que vetaba las pruebas nucleares bajo el agua, en la atmósfera y en el espacio, donde la lluvia radioactiva podría extenderse y contaminar lugares fuera de los perímetros de cada país.

Pero estábamos en la Guerra Fría, un período en que nadie le creía a nadie nada. Citando el edicto militar "confía, pero verifica", Estados Unidos desplegó una nueva serie de satélites, los *Velas*, para buscar explosiones de rayos gamma que fueran resultado de pruebas nucleares soviéticas. Los satélites, efectivamente, encontraron estallidos de rayos gamma casi a diario. Pero Rusia no era la responsable. Los rayos venían de las profundidades del espacio, y más tarde se demostró que eran la tarjeta de presentación de titánicas e intermitentes explosiones estelares, distantes en el universo, que anunciaron el nacimiento de la astrofísica de rayos gamma, una nueva especialidad en mi campo.

En 1994, el Observatorio de Rayos Gamma Compton de la NASA detectó algo tan inesperado como los descubrimientos de los *Velas*: destellos de rayos gamma justo cerca de la superficie de la Tierra. Para ser prácticos los llamaron *destellos de rayos gamma terrestres*. ¿Un holocausto nuclear? No, como se desprende del hecho que estás leyendo esta oración. No todas las explosiones de rayos gamma son igual de letales ni todos son de origen cósmico. En este caso, al menos cincuenta de estos destellos emanan a diario cerca de la parte superior de las nubes de tormenta, una fracción de segundo antes de que se produzcan los relámpagos. Su origen continúa siendo algo misterioso, pero la mejor explicación sostiene que durante una tormenta eléctrica, los electrones libres se aceleran casi a la velocidad de la luz y luego golpean al núcleo de los átomos atmosféricos generando los rayos gamma.

✳

Hoy en día los telescopios operan en todas las partes del espectro invisible, algunos desde tierra pero otros desde el espacio, donde la visión de un telescopio no está obstaculizada por la atmósfera absorbente de la Tierra. Ahora podemos observar fenómenos que van desde ondas de radio de baja frecuencia de 12 metros de longitud de cresta a cresta hasta rayos gamma de alta frecuencia no más largos que la mil billonésima parte de un metro. Esa rica paleta de luz ofrece una infinidad de descubrimientos astrofísicos: ¿Tienes curiosidad sobre cuánto gas se oculta entre las estrellas en las galaxias? Los radiotelescopios son los mejores para esto. No hay conocimiento de la radiación de fondo de microondas ni una comprensión real del Big Bang sin telescopios de microondas. ¿Quieres echar un vistazo a los criaderos estelares en las profundidades de las nubes galácticas de gas? Entonces presta atención a lo que hacen los telescopios infrarrojos. ¿Qué tal las emisiones de los alrededores de los agujeros negros ordinarios y los supermasivos agujeros negros del centro de una galaxia? Los telescopios ultravioleta y de rayos X son muy buenos para detectarlas. ¿Quieres ver la explosión de alta energía de una estrella gigante cuya masa es tan grande como cuarenta soles? No te la pierdas a través de los telescopios de rayos gamma.

Hemos llegado muy lejos desde los experimentos con rayos de Herschel "no aptos para la visión", y eso nos motiva a explorar el universo por lo que es, en vez de por lo que parece ser. Herschel estaría orgulloso. Alcanzamos una verdadera visión cósmica solo después de ver lo invisible: una deslumbrante y rica colección de objetos y fenómenos a través del espacio y el tiempo con los que ahora podría soñar nuestra filosofía.

10.
ENTRE PLANETAS

A la distancia, nuestro sistema solar parece vacío. Si lo metieras dentro de una esfera —una lo suficientemente grande como para contener la órbita de Neptuno, el planeta más lejano—,[1] el volumen ocupado por el Sol, todos los planetas y sus lunas abarcaría un poco más de una billonésima del espacio contenido. Pero el espacio entre los planetas no está vacío, contiene todo tipo de rocas macizas, piedritas, bolas de hielo, polvo, chorros de partículas cargadas y remotas sondas. El espacio también está atravesado por monstruosos campos gravitacionales y magnéticos.

El espacio interplanetario no está tan vacío, ya que la Tierra, en su travesía orbital de 30 kilómetros por segundo, se abre paso entre cientos de toneladas de meteoritos al día, muchos de ellos no mayores a un grano de arena. La mayoría de ellos arden

---

[1]   No, no es Plutón. ¡Ya supéralo!

en la atmósfera superior de la Tierra, golpeando el aire con tanta energía que los restos se vaporizan al contacto. Nuestra frágil especie evolucionó bajo este manto protector. Los meteoritos del tamaño de pelotas de golf se calientan rápido, pero de forma irregular y con frecuencia se rompen en muchos trozos pequeños antes de vaporizarse. Los meteoritos más grandes se chamuscan en sus superficies, pero por lo demás llegan intactos al suelo. Pensaríamos que a estas alturas, después de 4 600 millones de viajes alrededor del Sol, la Tierra habría aspirado todos los escombros posibles en su trayectoria orbital. Pero en otros tiempos las cosas eran mucho peores. Durante 500 millones de años después de que se formara el Sol y sus planetas, caía tanta chatarra a la Tierra que el calor de la constante energía de los impactos elevó la temperatura de la atmósfera de la Tierra y fundió su corteza.

Un gran trozo de chatarra llevaría a la formación de la Luna. La inesperada escasez de hierro y de otros elementos de mayor masa en la Luna, derivados de muestras lunares traídas por los astronautas de la nave Apolo, indica que muy probablemente la Luna fue expulsada de la corteza y el manto, pobres en hierro, de la Tierra tras una colisión oblicua con un errático protoplaneta del tamaño de Marte. Los desechos en órbita de este encuentro se fusionaron para formar nuestro bello satélite de baja densidad. Además de este relevante hecho, el período del fuerte bombardeo que sufrió la Tierra durante su infancia no fue algo único entre los planetas y otros cuerpos grandes del sistema solar. Cada uno de ellos experimentó daños similares, y las superficies sin aire y sin erosión de la Luna y de Mercurio conservan gran parte del registro de cráteres de este período.

No solo el sistema solar está marcado con las cicatrices de los desechos flotantes de su formación, el espacio interplanetario cercano también contiene rocas de todos los tamaños que fueron arrojadas desde Marte, la Luna y la Tierra a causa del culatazo del terreno provocado por los impactos de alta velocidad. Estudios de computadora de choques de meteoritos demuestran de forma concluyente que las rocas superficiales cercanas a las zonas de impacto pueden ser lanzadas hacia arriba con suficiente velocidad para escapar de la atadura gravitacional del cuerpo. Al ritmo al que estamos descubriendo meteoritos de origen marciano en la Tierra, concluimos que unas mil toneladas de rocas de Marte caen sobre la Tierra cada año. Tal vez la misma cantidad llega a la Tierra desde la Luna. En retrospectiva, no teníamos que haber ido a la Luna para recoger rocas lunares. Nos llegan bastantes, aunque aún no lo sabíamos durante el programa Apolo y no las escogimos nosotros.

∗

La mayoría de los asteroides del sistema solar viven y trabajan en el cinturón principal de asteroides, una zona más o menos plana entre las órbitas de Marte y Júpiter. Según la tradición, los descubridores pueden nombrar a sus asteroides como quieran. Con frecuencia dibujada por artistas como una región abarrotada de rocas que deambulan por el sistema solar, la masa total del cinturón de asteroides es menos de 5% que la de la Luna, que apenas es el 1% de la masa de la Tierra. Suena insignificante. Pero las perturbaciones acumuladas de sus órbitas continuamente crean un mortal subgrupo, quizás unas pocas miles, cuyas excéntricas trayectorias se cruzan con la órbita de la Tierra. Un cálculo simple revela que la mayoría de ellas chocarán contra la Tierra dentro de un período de cien millones de años. Aquellas más grandes, de alrededor de un kilómetro de largo, chocarán con suficiente energía como para desestabilizar el ecosistema y poner en riesgo de extinción a la mayor parte de las especies terrestres de nuestro planeta.

Sería muy malo.

Los asteroides no son los únicos objetos espaciales que representan un riesgo para la vida en la Tierra. El cinturón de Kuiper es una franja circular cubierta de cometas que inicia apenas más allá de la órbita de Neptuno e incluye a Plutón. Se extiende quizá tan lejos de Neptuno como Neptuno está del Sol. El astrónomo estadounidense nacido en Holanda, Gerard Kuiper, presentó la idea de que en las frías profundidades del espacio, más allá de la órbita de Neptuno, habitan restos helados de la formación del sistema solar. Sin un planeta gigante sobre el cual caer, la mayoría de estos cometas orbitarán el Sol por miles de millones de años más. Igual que ocurre en el cinturón de asteroides, algunos objetos del cinturón de Kuiper viajan en trayectorias excéntricas que cruzan las órbitas de otros planetas. Plutón y su conjunto de hermanos llamados plutinos cruzan la trayectoria de Neptuno alrededor del Sol. Otros objetos del cinturón de Kuiper se sumergen hasta el fondo del sistema solar interior, cruzando desenfrenadamente algunas órbitas planetarias. Este subgrupo incluye a Halley, el más famoso de todos los cometas.

Mucho más allá del cinturón de Kuiper, extendiéndose a mitad de camino a las estrellas más cercanas, vive una reserva esférica de cometas llamada *nube de Oort*, nombrada así por Jan Oort, el astrofísico holandés que dedujo su existencia. Esta zona es responsable de los cometas de período largo, aquellos con períodos orbitales mucho más largos que una vida humana. A diferencia de los cometas del cinturón de Kuiper, los cometas de la nube de Oort pueden caer sobre el sistema solar interior desde cualquier ángulo y dirección. Los dos más brillantes de la década de 1990, los cometas Hale-Bopp y Hyakutake, eran de la nube de Oort y no volverán pronto.

✳

Si tuviéramos ojos que pudieran ver campos magnéticos, Júpiter se vería diez veces más grande que la Luna Llena en el cielo. Las naves que visitan Júpiter deben diseñarse para que no les afecte esta poderosa fuerza. Como lo demostró en 1800 el físico inglés Michael Faraday, si pasas un cable por un campo magnético, generas una diferencia de voltaje a lo largo del cable. Por esta razón, las veloces sondas espaciales de metal tienen corrientes eléctricas inducidas dentro de ellas. Paralelamente, estas corrientes generan campos magnéticos propios que interactúan con el campo magnético ambiental en formas que retrasan el movimiento de la sonda espacial. La última vez que las conté, había 56 lunas entre los planetas del sistema solar. Luego me levanté una mañana y me enteré de que se había descubierto otra docena de ellas alrededor de Saturno. Después de ese incidente decidí dejar de llevar la cuenta. Ahora lo único que me importa es si algunas serían sitios divertidos para visitar o para estudiar. De acuerdo con algunas mediciones, las lunas del sistema solar son mucho más fascinantes que los planetas que orbitan.

*

La Luna de la Tierra es alrededor de 1/400avo del diámetro del Sol, pero también está a 1/400avo de nosotros, haciendo que la Luna y el Sol parezcan del mismo tamaño en el cielo, una coincidencia que no comparte ninguna otra combinación de planeta y luna en el sistema solar, y que nos permite tener eclipses solares totales increíblemente fotogénicos. La Luna está en acoplamiento de marea con la Tierra, y esto hace que la Luna tenga períodos de rotación idénticos sobre su eje y revoluciones alrededor de la Tierra. Cuando y donde quiera que esto ocurre, la luna acoplada solo muestra una cara a su planeta anfitrión.

El sistema de lunas de Júpiter está repleto de bichos raros. Io, la luna más cercana de Júpiter, está en acoplamiento de mareas y está estructuralmente estresada por las interacciones con Júpiter y con otras lunas. Esto genera tanto calor en la pequeña esfera que sus rocas interiores se funden; Io es el lugar con mayor actividad volcánica del sistema solar. Europa, otra luna de Júpiter, tiene tanto H_2O que su mecanismo de calentamiento —el mismo que el de Io— derritió el hielo del subsuelo, dejando un océano cálido debajo. Si alguna vez ha existido un segundo mejor lugar para buscar vida, es este. (Un artista colega mío una vez me preguntó si a las formas de vida extraterrestre en Europa se les podría llamar europeos. A falta de otra plausible respuesta me vi obligado a decir que sí).

Caronte, la luna de mayor tamaño de Plutón, es tan grande y está tan cerca del planeta que ambos están acoplados entre sí: sus períodos de rotación y sus períodos de revolución son idénticos. A esto le llamamos *acoplamiento de marea recíproco*.

Por costumbre, las lunas llevan nombres de personajes de la vida de la contraparte griega del dios romano por el que el planeta mismo fue nombrado. Los dioses clásicos llevaban vidas complicadas, así que no faltan nombres de donde elegir. La única excepción a la regla aplica a las lunas de Urano, llamadas así por una variedad de protagonistas de la literatura británica. El astrónomo sir William Herschel fue la primera persona en descubrir un planeta más allá de los detectables a simple vista y estuvo a punto de nombrarlo en honor al rey al que servía fielmente. De haberlo hecho, la lista de planetas sería: Mercurio, Venus, Tierra, Marte, Júpiter, Saturno y Jorge. Afortunadamente, prevaleció la razón, y algunos años más tarde se adoptó el clásico nombre *Urano*. Pero su sugerencia original de nombrar a las lunas en honor a personajes de obras de William Shakespeare y poemas de Alexander Pope sigue siendo una tradición hasta el día de hoy. Entre sus 27 lunas tenemos a Ariel, Cordelia, Desdémona, Julieta, Ofelia, Porcia, Puck, Umbriel y Miranda.

El Sol pierde material de su superficie a una velocidad de más de un millón de toneladas por segundo. A esto le llamamos *viento solar*, que adopta la forma de partículas cargadas de alta energía. Alcanzando hasta 1 609 kilómetros por hora, estas partículas fluyen por el espacio y son desviadas por campos magnéticos planetarios. Las partículas caen en espiral hacia los polos magnéticos norte y sur, produciendo colisiones con moléculas de gas y haciendo que la atmósfera brille con coloridas auroras. El telescopio espacial Hubble ha detectados auroras cerca de los polos de Saturno y Júpiter. Y en la Tierra, la aurora boreal y aurora austral (luces del norte y luces del sur) sirven como recordatorios intermitentes de lo lindo que es tener una atmósfera protectora.

Comúnmente se describe la atmósfera de la Tierra como algo que se extiende por docenas de kilómetros sobre la superficie del planeta. Los satélites en órbita terrestre baja normalmente viajan entre 160.9 y 643.7 kilómetros, completando una órbita en unos 90 minutos. Aunque no puedes respirar a esas altitudes, aún hay algunas moléculas atmosféricas suficientes como para lentamente drenar energía orbital de incautos satélites. Para combatir esta resistencia, los satélites en órbita baja necesitan impulsos intermitentes para que no caigan a la Tierra y ardan en la atmósfera. Una forma alternativa de describir el borde de nuestra atmósfera es preguntar en qué parte su densidad de moléculas de gas es igual a la densidad de las moléculas de gas en el espacio interplanetario. Bajo esta definición, la atmósfera de la Tierra se extiende por miles de kilómetros.

Orbitando mucho más arriba, a 37 014 kilómetros (una décima parte de la distancia a la Luna) se encuentran los satélites de comunicación. A esta altitud, la atmósfera de la Tierra no solo es irrelevante, sino que la velocidad del satélite es lo suficientemente lenta como para requerir un día entero para dar una vuelta alrededor de la Tierra. Con una órbita exactamente igual a la velocidad de rotación de la Tierra, estos satélites parecen flotar, lo que los hace ideales para transmitir señales de una parte de la Tierra a otra.

✳

Las leyes de Newton específicamente afirman que aunque la gravedad de un planeta se vuelve cada vez más débil conforme más te alejas de él, no hay una distancia en la que la gravedad llegue a cero. El planeta Júpiter, con su poderoso campo gravitacional, mantiene alejados a muchos cometas que de otra forma causarían estragos en el sistema solar interior. Júpiter actúa como un escudo gravitacional para la Tierra, un fornido hermano mayor que permite que haya largos (cien millones de años) espacios de relativa paz y calma en la Tierra. Sin la protección de Júpiter, a la vida compleja le resultaría muy difícil volverse interesantemente compleja y siempre estaría bajo el riesgo de extinguirse a causa de un devastador impacto.

Hemos explotado los campos gravitacionales de los planetas con casi cada sonda lanzada al espacio. La sonda Cassini, que visitó Saturno, por ejemplo, fue asistida gravitacionalmente dos veces por Venus, una por la Tierra (en un sobrevuelo de regreso) y una vez por Júpiter. Como en un juego de billar a tres bandas, las trayectorias de un planeta a otro son comunes. De otra forma, nuestras minúsculas sondas no tendrían suficiente velocidad y energía de nuestros cohetes para llegar a sus destinos.

Yo ahora soy responsable de algunos desechos interplanetarios del sistema solar. En noviembre de 2000, el asteroide 1994KA del cinturón principal, descubierto por David Levy y Carolyn Shoemaker, fue nombrado 13123–Tyson en mi honor. Aunque me honra esta distinción, no hay motivos para volverse engreído: infinidad de asteroides tienen nombres comunes como Jody, Harriet y Thomas. Hay siete asteroides llamados Merlín, James Bond y Santa. Ahora que son cientos de miles de asteroides, nombrarlos pronto será un desafió. Si ese día llega o no, me reconforta saber que mi trozo de escombro cósmico no viaja solo por el espacio entre los planetas y que está acompañado de una larga lista de otros desechos nombrados en honor a gente real y ficticia.

También me alegra que, de momento, mi asteroide no se dirija a la Tierra.

11.
EXOPLANETA TIERRA

Ya sea que prefieras correr, nadar o gatear de un lugar a otro de la Tierra, podrás disfrutar de la ilimitada oferta de detalles que nuestro planeta tiene para mostrarnos. Puedes ver una veta de piedra caliza rosada en la pared de un cañón, una catarina o mariquita comiendo un pulgón sobre el tallo de una rosa, una almeja asomándose en la arena. Lo único que tienes que hacer es observar.

Desde la ventana de un avión de pasajeros que asciende, esos detalles rápidamente desaparecen. No hay entremeses para catarinas. No hay almejas curiosas. Al alcanzar la altitud de crucero, a unos 11 kilómetros, se vuelve difícil identificar las principales carreteras.

Los detalles siguen desapareciendo. Desde la ventana de la Estación Internacional, que orbita a unos 402 kilómetros, puedes encontrar París, Londres, Nueva York o Los Ángeles de día, pero solo porque aprendiste dónde están en clase de geografía. Por la noche, sus paisajes citadinos se extienden mostrando un obvio resplandor. De día, contrario al saber popular, probablemente no veas las Grandes Pirámides de Giza y por supuesto no verás la Gran Muralla China. Su opacidad se debe en parte a que fueron construidas con tierra y piedras del paisaje que las rodea. A pesar de que la Gran Muralla tiene miles de kilómetros de longitud, solo tiene seis metros de ancho, mucho más estrecha que algunas autopistas que apenas puedes ver desde un vuelo transcontinental.

Desde órbita y a simple vista, habrías visto columnas de humo elevándose desde los campos petroleros incendiándose en Kuwait, a finales de la Primera Guerra del Golfo Pérsico en 1991, y humo saliendo de las torres del World Trade Center en Nueva York, el 11 de septiembre de 2011. También notarás los límites café verdosos entre franjas de tierra irrigadas y tierra seca. Más allá de esta lista no hay ninguna otra cosa hecha por humanos que sea identificable desde cientos de miles de kilómetros de altura. Sin embargo, puedes ver muchos escenarios naturales, incluyendo huracanes en el Golfo de México, témpanos de hielo en el Atlántico Norte y erupciones volcánicas donde sea que estén ocurriendo.

Desde la Luna, a 402 336 a kilómetros de distancia, Nueva York, París y el resto del resplandor ur-

170

bano de la Tierra ni siquiera se aprecia como un destello. Pero desde tu observatorio lunar puedes ver frentes climáticos moviéndose por el planeta. Desde Marte, en su punto más cercano, a unos 56 millones de kilómetros, las gigantescas cadenas montañosas nevadas y los bordes de los continentes podrían ser visibles desde un gran telescopio de jardín. Si viajaras a Neptuno, a 3 000 millones de distancia —apenas a la vuelta de la esquina en escala cósmica—, el Sol se volvería 1 000 veces más opaco y ocuparía una milésima parte del área en el cielo diurno de lo que ocupa cuando es visto desde la Tierra. ¿Y qué hay de la Tierra misma? Sería una mancha no más brillante que una estrella opaca, casi perdida en el resplandor del Sol. Una famosa fotografía tomada en 1990 por la nave espacial *Voyager 1*, apenas más allá de la órbita de Neptuno, muestra lo poco impresionante que parece la Tierra desde el espacio profundo: "un pálido punto azul", la llamó el astrofísico estadounidense Carl Sagan. Y fue generoso. Sin la ayuda de un pie de foto, quizá ni siquiera la verías.

¿Qué pasaría si algunos extraterrestres inteligentes del más allá escanearan los cielos con sus naturalmente magníficos órganos visuales, ayudados además por accesorios ópticos extraterrestres de úl-

171

tima generación? ¿Qué rasgos visibles del planeta Tierra podrían detectar?

En primer lugar el color azul. El agua cubre más de dos tercios de la superficie de la Tierra; tan solo el Océano Pacífico se extiende sobre casi un lado entero del planeta. Cualquier ser con suficiente equipo y experiencia para detectar el color de nuestro planeta seguramente deduciría la presencia de agua, la tercera molécula más abundante del universo.

Si la resolución de sus equipos fuera suficientemente alta, los extraterrestres podrían ver más que únicamente un pálido punto azul. También verían intrincadas costas, lo que sugeriría que el agua es líquida. Los extraterrestres inteligentes seguramente sabrían que si el planeta tiene agua líquida, la temperatura y la presión atmosférica estarían dentro de un rango bien determinado.

Los distintivos casquetes polares, que crecen y se encogen de acuerdo con las variaciones estacionales de temperaturas, también podrían verse usando luz visible. También podría verse la rotación de 24 horas de nuestro planeta, debido a que masas terrestres reconocibles rotan y se hacen visibles en intervalos de tiempo predecibles. Los extraterrestres también verían importantes fenómenos meteorológicos yendo y viniendo; con un examen detenido, podrían fácilmente diferenciar las características de las nubes de la atmósfera de las características de la Tierra misma.

Pero es momento de ubicarnos en la realidad. El exoplaneta más cercano —el planeta más cercano en órbita alrededor de una estrella que no sea el Sol— se encuentra en nuestro sistema estelar vecino Alfa Centauri, a unos cuatro años luz de nosotros y visible principalmente desde nuestro hemisferio Sur. La mayoría de los exoplanetas catalogados se encuentran entre docenas y centenas de años luz de distancia. El brillo de la Tierra es menos de un milmillonésimo del brillo del Sol, y la proximidad de nuestro planeta al Sol haría extremadamente difícil para cualquiera ver la Tierra de forma directa con un telescopio de luz visible. Sería como intentar detectar la luz de una luciérnaga en los alrededores de un reflector antiaéreo de Hollywood. Así que si los extraterrestres nos encontraron, probablemente buscaron en otras longitudes de onda que no son de luz visible, como la luz infrarroja, en la que nuestro brillo en relación con el Sol es un poco mejor que en la luz visible, o bien sus ingenieros tienen una estrategia completamente distinta.

Tal vez están haciendo lo que algunos de nuestros propios cazaplanetas hacen normalmente: monitorear las estrellas para ver si se sacuden en inter-valos regulares. Las sacudidas periódicas delatan la existencia de un planeta en órbita que podría ser demasiado opaco para observarse de forma directa. Contrario a lo que supone la mayoría de la gente, un planeta no orbita su estrella anfitriona. En vez de ello, tanto el planeta como su estrella anfitriona giran alrededor de su centro de masas. Entre más gigantesco sea el planeta, mayor deberá ser la res-puesta de la estrella y más medible será la sacudida al analizar la luz de la estrella. Desafortunadamen-te para los extraterrestres cazaplanetas, la Tierra es diminuta, por lo que el Sol apenas se mueve, hacien-do las cosas aún más difíciles para los ingenieros ex-traterrestres.

✴

El telescopio Kepler de la NASA, diseñado y sintoniza-do para descubrir planetas como la Tierra, alrededor de estrellas parecidas al Sol, empleó otro método de detección, haciendo crecer enormemente el catálo-go de exoplanetas. Kepler buscó estrellas cuyo brillo total disminuye un poco y en intervalos regulares. En estos casos, el campo de visión del Kepler es per-fecto para ver a una estrella opacándose, por una minúscula fracción, debido a que uno de sus propios planetas cruza directamente frente a la estrella anfi-triona. Con este método no es posible ver al planeta mismo. Ni siquiera se pueden ver rasgos en la superficie de la estrella. Kepler simplemente registró cambios en la luz total de una estrella, pero añadió miles de exoplanetas al catálogo, incluyendo cientos de sistemas estelares multiplanetarios. A partir de estos datos también puedes enterarte del tamaño del exoplaneta, su período orbital y su distancia orbital de la estrella anfitriona. También se puede hacer una deducción fundamentada de la masa del planeta.

Si te lo estabas preguntando, cuando la Tierra pasa frente al Sol —algo que siempre está ocurriendo en algún campo visual de la galaxia— bloqueamos 1/10 000avo de la superficie del Sol, opacando así brevemente la luz total del Sol en 1/10 000avo de su brillo normal. Pues bien. Descubrirán que la Tierra existe, pero no descubrirán nada de lo que está ocurriendo en la superficie de la Tierra.

Las ondas de radio y las microondas podrían funcionar. Tal vez los entrometidos extraterrestres tienen algo parecido al radiotelescopio de 500 metros de la provincia de Guizhou, en China. Si lo tienen y si lo sintonizan a la frecuencia correcta, definitiva-mente verán la Tierra —o mejor dicho, verán a nuestra moderna civilización— como una de las fuentes más luminosas del cielo. Toma en cuenta todo lo que tenemos que genera ondas de radio y microondas: no solo la radio tradicional, sino también las transmisiones de televisión, los teléfonos celulares, los hornos de microondas, las puertas de cocheras automáticas, los mecanismos para abrir carros automáticamente, los radares comerciales, los radares militares y los satélites de comunicación. Estamos rodeados de ondas de larga frecuencia, una prueba innegable de que algo inusual está pasando aquí, pues en su estado natural, los pequeños planetas rocosos apenas emiten ondas de radio.

Así que si los entrometidos extraterrestres dirigen su propia versión de un radiotelescopio en nuestra dirección, podrían deducir que en nuestro planeta hay tecnología. Sin embargo, hay una complicación: otras posibles interpretaciones. Tal vez no podrían distinguir las señales de la Tierra de las de otros planetas más grandes dentro de nuestro sistema solar, todos ellos considerables fuentes de ondas de radio, especialmente Júpiter. Quizá creerían que somos un nuevo tipo de extraño planeta radiointensivo. Tal vez no podrían distinguir las emisiones de radio de la Tierra de aquellas del Sol, obligándolos a concluir que el Sol es un nuevo tipo de extraña estrella radiointensiva.

Los astrofísicos de la Universidad de Cambridge en Inglaterra, aquí en la Tierra, estaban igual de desconcertados en 1967. Mientras examinaban los cielos con un radiotelescopio en busca de fuentes de ondas de radio importantes, Antony Hewish y su equipo descubrieron algo increíblemente extraño: un objeto pulsando en intervalos precisos que se repetían, de poco más de un segundo. Jocelyn Bell, estudiante de posgrado de Hewish en aquel entonces, fue la primera en notarlo.

Pronto los colegas de Bell determinaron que las pulsaciones venían de una distancia muy grande. La idea de que la señal fuera tecnológica —otra cultura transmitiendo evidencia de sus actividades a través del espacio— era irresistible. Como lo relata Bell "No teníamos pruebas de que se tratara de una emisión de radio totalmente natural... Ahí estaba yo, intentando obtener un doctorado en una nueva técnica, y un montón de tontos hombrecitos verdes habían escogido mi frecuencia aérea para comunicarse con nosotros".[1] Sin embargo, unos días después, ella describió otras señales que se repetían y que venían de otras partes de la Vía Láctea, nuestra galaxia. Bell y

_____

[1] Jocelyn Bell, *Annals of the New York Academy of Sciences* [Anales de la Academia de Ciencias de Nueva York], 302, 1977, p. 685.

sus colegas se dieron cuenta de que habían descubierto una nueva clase de objeto cósmico: una estrella hecha completamente de neutrones que pulsa en ondas de radio con cada rotación. Hewish y Bell apropiadamente las llamaron *púlsares*.

Resulta que interceptar ondas de radio no es la única forma de ser entrometido. También está la cosmoquímica. El análisis químico de las atmósferas planetarias se ha convertido en un activo campo de la astrofísica moderna. Y como podrás adivinar, la cosmoquímica depende de la espectrometría (el análisis de la luz a través de un espectómetro). Al explotar las herramientas y las técnicas de los espectroscopistas, los cosmoquímicos pueden deducir la presencia de vida en un exoplaneta, sin importar que aquella vida posea conciencia, inteligencia o tecnología. Este método funciona porque cada elemento, cada molécula —sin importar dónde exista en el universo—, absorbe, emite, refleja y dispersa luz de manera única. Como ya lo discutimos, cuando esa luz pasa a través de un espectómetro, encuentras características que bien podrían llamarse *huellas digitales químicas*. Las huellas digitales más visibles son de los químicos más excitados por la presión y la temperatura de su ambiente. Las atmósferas planetarias son ricas en estas características. Si un planeta está re-

pleto de flora y fauna, su atmósfera será rica en biomarcadores, evidencia espectral de vida. Ya sea bio-
génica (producida por cualquiera o todas las formas
de vida), antropogénica (producida por la extendida
especie *Homo sapiens*) o tecnogénica (producida por
tecnología), sería difícil esconder evidencia tan ge-
neralizada como esta. A menos que nazcan con sen-
sores espectroscópicos integrados, nuestros entrometidos extraterrestres tendrían que construir un
espectrómetro para leer nuestras huellas digitales.
Pero, sobre todo, la Tierra debería cruzar frente al
Sol (u otra fuente), permitiendo que la luz atravesa-
ra nuestra atmósfera y que llegara hasta los extraterrestres. De este modo, los químicos de la atmósfera
de la Tierra podrían interactuar con la luz, dejando
marcas que todos podrían ver.

Algunas moléculas —amoníaco, bióxido de carbono, agua— son abundantes en el universo, sin
importar que haya o no vida. Pero otras moléculas
florecen ante la presencia de la vida misma. Otro
biomarcador fácilmente detectable es el nivel sos-
tenido de la molécula de metano en la Tierra, dos
tercios de ellas son producidas por actividades hu-
manas como la producción de combustible, el cul-
tivo de arroz, el drenaje y los eructos y flatulencias
del ganado. Las fuentes naturales que comprenden

179

el tercio restante, incluyen vegetación en descomposición en humedales y las emanaciones de termitas. Paralelamente, en donde escasea el oxígeno libre, el metano no siempre necesita vida para formarse. En este preciso instante, los astrobiólogos discuten sobre el origen exacto de los restos de metano en Marte y las abundantes cantidades de metano en Titán, la luna de Saturno, donde asumimos que no viven vacas ni termitas.

Si los extraterrestres monitorean nuestro lado oscuro mientras orbitamos nuestra estrella anfitriona, podrían notar un aumento de sodio producido por nuestro extenso alumbrado público de lámparas de vapor de sodio que se encienden al anochecer en áreas urbanas y suburbanas. Lo más revelador, sin embargo, sería nuestro oxígeno que flota libre y que constituye un quinto de nuestra atmósfera.

El oxígeno —que después del hidrógeno y el helio es el tercer elemento más abundante en el cosmos— es químicamente activo y se enlaza fácilmente a átomos de hidrógeno, carbono, nitrógeno, silicio, azufre, hierro y más. Incluso se enlaza consigo mismo. Así que para que el oxígeno exista en un estado estable, algo debe estar liberándolo tan rápido como se está consumiendo. Aquí en la Tierra, la liberación de oxígeno se atribuye a la vida. La fotosíntesis llevada a cabo por las plantas y muchas bacterias crea oxígeno libre en los océanos y en la atmósfera. El oxígeno libre, a su vez, permite la existencia de vida que metaboliza el oxígeno, incluidos nosotros y prácticamente todas las criaturas del reino animal.

Nosotros los terrícolas ya sabemos la importancia de las distintivas huellas digitales químicas de nuestro planeta. Pero los extraterrestres de sitios remotos que nos sorprendan tendrán que interpretar sus descubrimientos y analizar sus suposiciones. ¿La presencia periódica del sodio debe ser tecnogénica? El oxígeno libre es sin duda biogénico. ¿Qué hay del metano? También es químicamente inestable y, sí, parte de él es antropogénico, pero como hemos visto, el metano también tiene agentes inanimados.

Si los extraterrestres deciden que las características químicas de la Tierra son evidencia certera de vida, tal vez se pregunten si la vida es inteligente. Posiblemente los extraterrestres se comuniquen entre sí, y quizás asuman que otras formas de vida inteligente también lo hagan. Quizá sea entonces cuando decidan espiar a la Tierra con sus radiotelescopios para saber qué parte del espectro electromagnético han dominado sus habitantes. Ya sea que los extraterrestres exploren con química o con ondas de radio, tal vez lleguen a la misma conclusión:

un planeta donde existe tecnología avanzada debe de estar poblado por formas de vida inteligente, que quizá se ocupen de descubrir cómo funciona el universo y cómo aplicar sus leyes para beneficio personal o público.

Observando más cuidadosamente las huellas digitales atmosféricas de la Tierra, los biomarcadores humanos también incluirán ácido sulfúrico, carbónico y nítrico, y otros componentes del smog provenientes del uso de combustibles fósiles.

Si los curiosos extraterrestres resultan ser más avanzados tecnológica, social y culturalmente que nosotros, entonces seguramente interpretarán estos biomarcadores como evidencia convincente de la ausencia de vida inteligente en la Tierra.

✳

El primer exoplaneta fue descubierto en 1995 y, al momento de escribir estas líneas, la cifra está alcanzando 3000, la mayoría de ellos se encuentran en un pequeño espacio de la Vía Láctea alrededor del sistema solar. Y hay muchos más. Después de todo, nuestra galaxia contiene más de 100000 millones de estrellas, y el universo conocido alberga unas 100000 millones de galaxias.

Nuestra búsqueda de vida en el universo nos lleva a buscar exoplanetas, algunos parecidos a la Tierra, no en los detalles por supuesto, sino en las propiedades generales. Los cálculos más recientes, extrapolando nuestros catálogos actuales, sugieren hasta 40 000 millones de planetas parecidos a la Tierra tan solo en la Vía Láctea. Esos son los planetas que nuestros descendientes querrán visitar algún día, si no por elección, por necesidad.

12.
REFLEXIONES SOBRE
LA PERSPECTIVA CÓSMICA

De todas las ciencias desarrolladas por la humanidad, la astronomía es reconocida, sin duda, como la más sublime, la más interesante y la más útil. Y es que a través del conocimiento derivado de esta ciencia no solo se descubre el tamaño de la Tierra..., sino que nuestras facultades mismas se enaltecen con la grandiosidad de las ideas que transmite, y se exaltan nuestras mentes, superando sus prejuicios mundanos.

JAMES FERGUSON, 1757[1]

Mucho antes de que cualquiera supiera que el universo tuvo un comienzo, antes de que supiéramos que la galaxia grande más cercana se encuentra a dos millones de años luz de la Tierra, antes de que supiéramos cómo funcionan las estrellas o

---

[1] James Ferguson, *Astronomy Explained Upon Sir Isaac-Newton's Principles, And Made Easy To Those Who Have Not Studied Mathematics* [Astronomía explicada bajo los principios de sir Isaac Newton y hecha fácil para aquellos que no han estudiado matemáticas], Londres, 1757.

que existían los átomos, la entusiasta introducción de James Ferguson a su ciencia favorita sonaba convincente. Sin embargo, sus palabras, al margen de su florido gesto del siglo ilustrado, podrían haber sido escritas ayer.

Pero ¿quién puede pensar así? ¿Quién logra celebrar esta visión cósmica de la vida? No el campesino migrante. No el trabajador de la maquila. Definitivamente no el indigente que hurga en la basura en busca de comida. Necesitas el lujo del tiempo no usado en la mera supervivencia. Tienes que vivir en una nación cuyo gobierno valore la búsqueda por entender el lugar de la humanidad en el universo. Necesitas una sociedad en la que la búsqueda intelectual te pueda llevar hasta las fronteras del descubrimiento, y en la que las noticias de tus descubrimientos puedan ser continuamente difundidas. Bajo tales parámetros, a la mayoría de los ciudadanos de naciones industrializadas les va bastante bien.

Sin embargo, la visión cósmica tiene un costo oculto. Cuando viajo miles de kilómetros para pasar unos momentos bajo la veloz sombra de la Luna durante un eclipse total, a veces pierdo de vista a la Tierra.

Cuando hago una pausa para reflexionar sobre nuestro universo en expansión, con sus galaxias alejándose rápidamente unas de otras, incrustadas en el tejido cuatridimensional del espacio y el tiempo que no deja de extenderse, a veces olvido que innumerables personas caminan sobre la faz de esta Tierra sin comida o cobijo y que entre ellos hay un desproporcionado número de niños.

Cuando examino los datos para establecer la misteriosa presencia de la materia oscura y la energía oscura en el universo, a veces olvido que todos los días —cada rotación de 24 horas de la Tierra— la gente mata y muere en nombre de Dios o en nombre de dogmas políticos.

Cuando monitoreo las órbitas de los asteroides, cometas y planetas —cada uno de ellos un bailarín que hace piruetas en un *ballet* cósmico coreografiado por las fuerzas de la gravedad—, a veces olvido que demasiada gente actúa en total y deliberada desconsideración por la delicada interacción de la atmósfera, los océanos y la tierra del planeta, con consecuencias que los hijos de nuestros hijos presenciarán y por las que tendrán que pagar con su salud y bienestar.

Y a veces olvido que la gente poderosa rara vez hace todo lo posible por ayudar a aquellos que no pueden ayudarse a sí mismos.

En ocasiones olvido esas cosas porque, no obstante lo grande del mundo —en nuestros corazones,

187

en nuestras mentes y en nuestros grandes mapas digitales—, el universo es aún más grande. Es una idea deprimente para algunos, pero liberadora para mí.

Piensa en el adulto que atiende los traumas de un niño: leche derramada, un juguete roto, una rodilla raspada. Como adultos sabemos que los niños no tienen idea de qué es un problema real, porque la falta de experiencia limita considerablemente su perspectiva infantil. Los niños todavía no saben que el mundo no gira alrededor de ellos.

Como adultos, ¿nos atreveremos a admitir también que nuestra visión colectiva es inmadura? ¿Nos atreveremos a admitir que nuestros pensamientos y comportamientos surgen de una creencia de que el mundo gira alrededor de nosotros? Aparentemente no. Sin embargo, las pruebas abundan. Abre el telón de los conflictos raciales, étnicos, religiosos, nacionales y culturales de la sociedad y encontrarás al ego del hombre "girando los botones y tirando las palancas".

Ahora imagina un mundo en el que todos, pero en especial la gente con poder e influencia, tienen una visión amplia de nuestro lugar en el cosmos. Con esa perspectiva, nuestros problemas se encogerían —o nunca surgirían— y podríamos celebrar nuestras diferencias terrenales y rechazar el comportamiento de nuestros predecesores, que se masacraron unos a otros a causa de ellas.

✳

En enero de 2000, el recién restaurado Planetario Hayden, en la ciudad de Nueva York, mostró un espectáculo espacial llamado *Pasaporte al universo*,[2] que llevó a los visitantes por un *zoom* virtual del planetario a los confines del cosmos. Durante el trayecto, el público vio la Tierra, luego el sistema solar y después vio las 1 000 millones de estrellas de nuestra galaxia, la Vía Láctea, convertirse en puntos apenas visibles en el domo del planetario.

A un mes de la inauguración, recibí una carta de un profesor de psicología de una universidad de la Liga Ivy cuya especialidad eran las cosas que hacen a la gente sentirse insignificante (no sabía que uno podía especializarse en este campo). Él quería aplicar cuestionarios a los visitantes antes y después para evaluar la intensidad de su depresión al concluir la

---

2 *Pasaporte al universo* fue escrito por Ann Druyan y Steven Soter, también coautores de la miniserie de 2014 de la cadena Fox *Cosmos: una odisea del espacio-tiempo,* presentada por este autor. También trabajaron en equipo con Carl Sagan en la miniserie de 1980 de la cadena PBS *Cosmos: un viaje personal.*

función. *Pasaporte al universo*, escribió, provocó los sentimientos de pequeñez e insignificancia más dramáticos que jamás había experimentado.

¿Cómo era posible? Cada vez que veo el espectáculo del espacio (y los otros que hemos producido), me siento vivo, entusiasmado y conectado. Siempre me siento grande, sabiendo que los tejemanejes del cerebro humano de 1.36 kilos nos permitieron descifrar nuestro lugar en el universo.

Permíteme sugerir que es el profesor y no yo quien malinterpretó la naturaleza. Para empezar, su ego era injustificadamente grande, inflado por delirios de significancia y alimentado por suposiciones de que los seres humanos son más importantes que todo lo demás en el universo.

Para ser justo con esta persona, las poderosas fuerzas de la sociedad nos hacen susceptibles a eso a la mayoría de nosotros. Tal como lo era yo, hasta el día en que, en clase de biología, aprendí que hay más bacterias viviendo y trabajando en un centímetro de mi colon que el número de personas que han jamás existido. Ese tipo de información te hace pensar dos veces sobre quién, o qué, está en realidad a cargo.

A partir de ese día, empecé a pensar en la gente no como en los amos del espacio y el tiempo sino como en participantes de una gran cadena cósmica del ser, con un vínculo genético directo tanto a las especies vivas como a las extintas, que se remonta a casi 4000 millones de años, a los primeros organismos unicelulares de la Tierra.

Sé lo que estás pensando: somos más inteligentes que las bacterias.

No hay duda, somos más inteligentes que cualquier otra criatura viviente que jamás se haya arrastrado, corrido o deslizado sobre la Tierra. Pero ¿cuán inteligente es esto? Cocinamos nuestra comida. Escribimos poesía y componemos música. Creamos arte y ciencia. Somos buenos en matemáticas. Incluso si eres malo en matemáticas, probablemente eres mucho mejor que el chimpancé más inteligente, cuya identidad genética difiere solo en formas insignificantes de la nuestra. Por más que lo intenten, los primatólogos nunca lograrán que un chimpancé haga una división larga o trigonometría.

Si las pequeñas diferencias genéticas entre nosotros y nuestros compañeros simios justifican lo que parece ser una vasta diferencia en inteligencia, entonces quizás esa diferencia en inteligencia no sea tan grande después de todo.

Imagina una forma de vida cuya capacidad intelectual es a la nuestra como la nuestra es a la del chimpancé. Para tal especie, nuestros máximos logros mentales serían triviales. Sus niños, en vez de aprender sus conocimientos básicos en *Plaza Sésamo,* aprenderían cálculo multivariable en *Bulevar booleano.*[3] Nuestros teoremas más complejos, nuestras filosofías más profundas, las obras más preciadas de nuestros artistas más creativos, serían los trabajos escolares que sus niños le llevarían a casa a mamá y a papá para pegar sobre el refrigerador con un imán.

Estas criaturas estudiarían a Stephen Hawking (quien tiene la misma cátedra que alguna vez ocupó Isaac Newton en la Universidad de Cambridge) porque es un poco más listo que los otros humanos. ¿Por qué? Puede hacer astrofísica teórica y otros cálculos rudimentarios en su cabeza, igual que el pequeño Timmy que acaba de volver del preescolar extraterrestre.

Si nos separara una gigantesca brecha genética de nuestros parientes más cercanos del reino animal, justificadamente podríamos celebrar nuestra genialidad. Podríamos tener derecho a caminar por

---

[3] El álgebra booleana es una rama de las matemáticas que aborda los valores falsos o verdaderos en sus variables, comúnmente representadas por 0 y 1, y es fundamental para el mundo de la informática. Es llamada así por el matemático inglés del siglo XVII, George Boole.

ahí pensando que somos distantes y distintos a otras criaturas. Pero no, tal brecha no existe. En vez de ello, somos uno con el resto de la naturaleza, sin encajar ni arriba ni abajo sino dentro.

¿Necesitas otro ablanda ego? Algunas sencillas comparaciones de cantidad, tamaño y escala son muy efectivas.

Por ejemplo, el agua. Es común y corriente y vital. Hay más moléculas de agua en una taza de 236 ml que tazas de agua en el agua de todos los océanos. Cada taza que pasa a través del cuerpo de una persona y finalmente se reincorpora a las reservas de agua del mundo contiene suficientes moléculas para mezclar 1 500 de ellas en cada dos tazas de agua del mundo. No hay cómo evitarlo: parte del agua que acabas de tomar pasó por los riñones de Sócrates, Gengis Kan y Juana de Arco.

¿Y qué hay del aire? También es vital. Una sola bocanada capta más moléculas de aire que las bocanadas de aire que hay en la atmósfera de toda la Tierra. Eso quiere decir que algo del aire que acabas de respirar pasó por los pulmones de Napoleón, Beethoven, Lincoln y Billy the Kid.

Pero es hora de ponernos cósmicos. Hay más estrellas en el universo que granos de arena en cualquier playa, más estrellas que los segundos que han pasado desde que se formó la Tierra, más estrellas que las palabras y los sonidos jamás pronunciados por todos los humanos que hayan vivido.

¿Quieres una impresionante vista del pasado? Nuestra emergente perspectiva cósmica te la mostrará. A la luz le toma tiempo llegar a los observatorios de la Tierra desde las profundidades del espacio, por lo que ves objetos y fenómenos no como son sino como fueron alguna vez. Así se hace manifiesta, a plena vista, la continua evolución cósmica.

¿Quieres saber más sobre lo que estamos hechos? Nuevamente, la perspectiva cósmica ofrece una respuesta más grande de lo que esperas. Los elementos químicos del universo se forjan en los fuegos de estrellas de gran masa que terminan sus vidas en titánicas explosiones, enriqueciendo sus galaxias anfitrionas con un arsenal químico de vida. ¿El resultado? Los cuatro ingredientes químicamente activos más comunes del universo —hidrógeno, oxígeno, carbono y nitrógeno— son cuatro de los elementos de la vida más comunes en la Tierra, con el carbono como base de la bioquímica.

No solo no vivimos en este universo. El universo vive dentro de nosotros.

Dicho esto, tal vez ni siquiera seamos de esta Tierra. Al considerarse conjuntamente, distintas líneas de investigación han obligado a los investigadores a reevaluar quiénes creemos ser y de dónde creemos venir. Como ya lo hemos visto, cuando un asteroide grande se impacta contra un planeta, los alrededores pueden dar un culatazo a causa de la energía del impacto, catapultando rocas al espacio. Desde ahí pueden viajar a —y aterrizar en— otras superficies planetarias. Segundo, los microorganismos pueden ser resistentes. Los extremófilos en la Tierra pueden sobrevivir en las amplias gamas de temperatura, presión y radiación experimentadas durante el viaje espacial. Si las rocas expulsadas en un impacto provienen de un planeta con vida, entonces fauna microscópica podía haber viajado como polizón en los huecos y grietas de las rocas. Tercero, evidencia reciente sugiere que poco después de la formación de nuestro sistema solar, Marte era húmedo y quizá fértil, incluso antes de que la Tierra lo fuera.

En conjunto, estos descubrimientos nos dicen que es concebible que la vida haya comenzado en Marte y después se haya sembrado en la Tierra, un proceso llamado *panspermia*. Así que tal vez todos los terrícolas podrían ser descendientes de marcianos.

✳

Una y otra vez a través de siglos, los descubrimientos cósmicos han degradado nuestra autoimagen. Alguna vez se asumió que la Tierra era astronómicamente única hasta que los astrónomos descubrieron que la Tierra es solo un planeta más orbitando el Sol. Más tarde supusimos que el Sol era único, hasta que descubrimos que las innumerables estrellas del cielo nocturno también son soles. Luego supusimos que nuestra galaxia, la Vía Láctea, era todo el universo conocido, hasta que demostramos que la infinidad de cosas borrosas en el cielo son otras galaxias que salpican el paisaje de nuestro universo conocido.

Qué fácil es hoy suponer que un universo es todo lo que hay. No obstante, las teorías emergentes de la cosmología moderna, así como la continuamente reiterada improbabilidad de que cualquier cosa sea única, requieren que estemos abiertos al último ataque de nuestra propia súplica de ser singulares: el multiverso.

✳

La perspectiva cósmica emana de conocimientos esenciales. Pero se trata de más de lo que sabes. También se trata de tener la sabiduría y perspicacia para aplicar ese conocimiento y evaluar nuestro lugar en el universo. Y sus atributos son claros:

La perspectiva cósmica viene de las fronteras de la ciencia, sin embargo no es únicamente dominio del científico. Le pertenece a todos.

La perspectiva cósmica es humilde.

La perspectiva cósmica es espiritual e incluso redentora, pero no religiosa.

La perspectiva cósmica nos permite entender en la misma idea, lo grande y lo pequeño.

La perspectiva cósmica abre nuestras mentes a ideas extraordinarias, pero no las deja tan abiertas como para que se desparramen nuestros cerebros, dejándolos susceptibles a creer cualquier cosa que nos digan.

La perspectiva cósmica nos abre los ojos al universo, no como una benévola cuna diseñada para cultivar la vida, sino como un lugar frío, solitario y peligroso que nos obliga a reconsiderar el valor de cada humano para otro.

La perspectiva cósmica muestra la Tierra como un punto. Pero es un valioso punto y, de momento, es el único hogar que tenemos.

La perspectiva cósmica halla belleza en las imágenes de planetas, lunas, estrellas y nebulo-

197

sas, pero también celebra las leyes de la física que les dan forma.

La perspectiva cósmica nos deja ver más allá de nuestras circunstancias, permitiéndonos trascender la primigenia búsqueda de comida, refugio y una pareja.

La perspectiva cósmica nos recuerda que en el espacio, donde no hay aire, no ondeará una bandera (una señal de que quizás ondear banderas y la exploración espacial son incompatibles).

La perspectiva cósmica no solo acepta nuestro parentesco genético con toda la vida en la Tierra, también valora nuestro parentesco químico con cualquier vida en el universo por descubrir, igual que nuestro parentesco atómico con el universo mismo.

Al menos una vez a la semana, si no una vez al día, cada uno de nosotros podría reflexionar sobre qué verdades cósmicas sin descubrir yacen frente a nosotros, esperando quizá la llegada de un pensador inteligente, un experimento ingenioso o una innovadora misión espacial para revelarlas. Podríamos reflexionar todavía más sobre la manera en que esos descubrimientos podrían transformar la vida en la Tierra.

Sin dicha curiosidad, no somos diferentes al campesino que no expresa ninguna necesidad por aventurarse más allá de su pueblo porque sus 16 hectáreas satisfacen todas sus necesidades. No obstante, si todos nuestros predecesores hubieran pensado así, el campesino sería un cavernícola cazando su cena con un palo y una piedra.

Durante nuestra breve visita en el planeta Tierra, nos debemos a nosotros mismos y a nuestra descendencia la oportunidad de explorar. En parte porque es divertido, aunque hay una razón mucho más noble. El día en que nuestro conocimiento del cosmos deje de expandirse, nos arriesgamos a retroceder a la visión infantil de que el universo, en sentido figurado y literal, gira alrededor de nosotros. En ese sombrío mundo, la gente y las naciones portadoras de armas hambrientas de recursos serían propensas a actuar de acuerdo con sus prejuicios mundanos. Y ese sería el último suspiro de la iluminación humana, hasta que surgiera una nueva cultura visionaria que nuevamente pudiera acoger, en vez de temer, la perspectiva cósmica.

AGRADECIMIENTOS

Mis incansables editores literarios durante los años que escribí estos ensayos incluyen a Ellen Goldensohn y a Avis Lang, de la revista *Natural History*. Ambos se aseguraron de que, en todo momento, dijera lo que quería decir y que quisiera decir lo que decía.

A mi editor científico, amigo y colega en Princeton, Robert Lupton, que sabía más que yo en lo que más importaba. También agradezco a Betsy Lerner por hacer sugerencias al manuscrito que mejoraron mucho su narración.

ÍNDICE ANALÍTICO

Gamow, George, 46, 48
Gell-Mann, Murray, 17
germanio, 117
gigantes rojas, 130
Golfo de México, 170
Gott, J. Richard, 47
Gran Colisionador de
  Hadrones, 20
Gran Mancha Roja de Júpiter,
  37
Gran Muralla China, 170
Gran Nebulosa de
  Andrómeda, 58
Grandes Pirámides de Giza,
  170
gravedad, 14-15, 29, 38, 52,
  53, 66, 79
  Acción a distancia, 69, 93
  Cúmulos de galaxias, 72
  Energía oscura y, 54, 87,
    89, 92, 98
  Exceso, 70
  Ley de Newton de, 29-30,
    31, 34, 38-39, 70, 167-68
  Materia oscura y, 69, 75-
    77, 78-79, 82, 85-86
  Superficie, 133
  y esferas, 127-28, 134-35
gravedad cuántica, 14
Guerra del Golfo Pérsico
  (1991), 170
Guerra Fría, 153-54
Guth, Alan H., 100-1

hadrones, 20-21, 22
Hale-Bopp (cometa), 162
Halley (cometa), 161

halos de materia oscura, 75
hambre, 187
Hawking, Stephen, 192
helio, 22, 31, 76-77, 110, 115
Helios (dios), 111
Herman, Robert, 46, 47
Herschel, William, 121, 139,
  140-41, 155-56, 165
hertz, 143
Hertz, Heinrich, 143
Hewish, Antony, 177
hidrógeno, 22, 30, 68, 76-77,
  108, 109, 194
hierro, 30, 115-16, 158
Himalayas, 127
Hiroshima, 122, 123
Homo sapiens, 26, 90
hornos de microondas, 152
Hubble, Edwin P., 46, 94, 97,
  136
huracanes, 170
Hyakutake (cometa), 162

indigencia, 187
Instituto Carnegie, 74
Instituto de Tecnología de
  California, 70
Instituto de Tecnología de
  Massachusetts, 100
inteligencia, 191
interferómetero, 150-52
Io (luna), 163
iridio, 118-19

Jansky, Karl G., 147, 148
Joyce, James, 17
Júpiter (dios), 121